LES MALADIES ÉPIZOOTIQUES

DANS VAUCLUSE

SOCIÉTÉ DÉPARTEMENTALE
D'AGRICULTURE DE VAUCLUSE

LES

MALADIES ÉPIZOOTIQUES

DANS VAUCLUSE

RECUEIL DES RAPPORTS

de MM. SOUMILLE Aîné et LUNEAU, vétérinaires à Avignon ;
MAUCUER, vétérinaire à Bollène ;
MATHIEU, vétérinaire à Sorgues ;
LAUGIER Père, vétérinaire à Orange ;
JUSTAMOND Fils, vétérinaire à Bagnols ;

sur la Clavelée, la Typhose & le Rouget.

AVIGNON
AMÉDÉE CHAILLOT, IMPRIMEUR-LIBRAIRE
Place du Change, 5.

1877

LES

MALADIES ÉPIZOOTIQUES

DANS VAUCLUSE

Une maladie épizootique, contagieuse au plus haut degré, la Clavelée, a eu en 1876 une recrudescence d'intensité dans le département de Vaucluse, et a décimé ses bergeries.

Attribuée généralement à l'importation des moutons d'Afrique, l'intensité croissante de cette maladie a vivement ému les agriculteurs. Sur l'initiative de M. Philippe Rippert, vice-secrétaire de notre Société, il a été adressé le 3 octobre dernier à M. le Ministre de l'Agriculture & du Commerce une pétition tendant à faire subir une quarantaine aux moutons de provenance africaine et à rappeler aux maires des communes l'application des mesures prescrites par les lois et règlements sur les épizooties. Préoccupée en outre des ravages occasionnés cette année par la Typhose parmi les animaux de l'espèce chevaline, la Société d'Agriculture de Vaucluse invita MM. les vétérinaires du département et des départements limitrophes à assister à sa séance mensuelle du 2 janvier dernier, afin d'étudier les moyens propres à combattre les maladies régnantes : elle les pria de faire connaître dans des rapports détaillés leurs opinions à ce sujet et les faits qu'ils avaient pu constater chacun dans leur pratique. La Société décida en outre qu'il y avait urgence de provoquer auprès du gouvernement des mesures étendant à l'Algérie les dispositions légales qui régissent en France les questions d'épizootie, et ordon-

I

nant la désinfection des navires et des wagons qui servent au transport des troupeaux.

Bon nombre de vétérinaires ont répondu à l'appel de la Société, et dans les séances des 2 janvier et 6 février derniers plusieurs d'entr'eux ont lu de remarquables mémoires sur les causes et les effets de la Clavelée, de la Typhose et du Rouget, sur les moyens préventifs et curatifs à employer, enfin sur les mesures à prendre pour en arrêter la propagation.

L'importance de ces travaux méritait qu'ils fussent réunis en un seul recueil, afin d'être plus facilement portés à la connaissance des agriculteurs et répandus le plus possible.

M. le Ministre de l'Agriculture et du Commerce, appréciant l'utilité autant que l'opportunité de cette mesure, a invité la Société, par sa lettre du 14 février courant, à y donner suite, en l'informant qu'il prenait à la charge de son administration les frais de publication des rapports de MM. les vétérinaires, et la priant de lui en adresser un certain nombre d'exemplaires.

Conformément à cette bienveillante décision, et devant cette nouvelle marque de sympathie pour nos intérêts agricoles, dont le Ministère de l'Agriculture nous a déjà donné tant de preuves en maintes circonstances, la Société a ordonné l'impression du présent recueil, afin de lui donner la plus grande publicité.

A. B.

Avignon, le 6 Mars 1877

RAPPORT DE M. MAUCUER

Vétérinaire à Bollène (Vaucluse)

SUR LA CLAVELÉE

lu dans la Séance du 2 Janvier 1877.

A Monsieur le Président de la Société d'Agriculture & d'Horticulture
du département de Vaucluse.

Monsieur le Président,

Par la voie de la presse, vous avez invité tous les vétérinaires et tous les propriétaires du département de Vaucluse à faire connaître à la Société que vous présidez les moyens qui leur ont réussi à arrêter les ravages causés par la clavelée.

Vétérinaire dans ce département depuis dix ans, exerçant dans une localité visitée chaque année par quelques maladies épizootiques, dont les plus communes sont la *clavelée*, le *rouget*, la *typhose*, j'ai fait sur ces trois maladies redoutables des observations nombreuses, des essais satisfaisants de guérison et de préservation, à l'aide des moyens fournis par la science. Espérant que votre Société voudra bien s'occuper un jour d'arrêter les ravages de toutes ces épizooties, hier insensibles, aujourd'hui redoutables, j'ai l'honneur de lui adresser, par votre intermédiaire, les moyens que j'ai employés pour rendre la clavelée inoffensive dans ma clientèle.

Deux moyens m'ont toujours suffi, ce sont la clavélisation et le régime des clavelisés. Ces moyens ne sont pas nouveaux ; mais ils sont trop peu connus dans notre région, et cependant ils méritent de l'être. Frappé de cette ignorance de nos éleveurs, je crois très utile de vous les faire connaître avec quelques détails.

Depuis le siècle dernier, vers 1765, on a essayé la clavélisation ; et l'on a obtenu des résultats très variables.

Le vétérinaire qui cherche dans les ouvrages même les plus récents les moyens d'apporter les secours de sa profession à la clavelée, est surpris des contradictions qu'il y trouve ; un auteur, pessimiste, ne lui montre la clavélisation que comme un moyen inutile, dangereux, dispendieux ; un autre, optimiste, espère que cette opération généralisée délivrera la campagne de l'un de ses plus cruels fléaux.

Il appartient à la Société d'Agriculture de Vaucluse de faire la lumière sur la valeur de ce procédé qui ne m'a donné que des résultats très satisfaisants.

Fatigué du rôle de simple spectateur des désagréments que la loi impose aux propriétaires des troupeaux claveleux, attristé des ravages considérables que la maladie occasionne parfois, j'ai pratiqué la clavélisation, en m'inspirant des conseils que M. Gourdon, professeur à l'école vétérinaire de Toulouse, donne dans son ouvrage ; j'ai toujours vu l'opération faire cesser rapidement les soins dispendieux exigés par les troupeaux malades, annuler des pertes imminentes ; je n'ai jamais été le témoin des pertes et inconvénients dont j'étais menacé par un autre auteur. Cependant je dois avouer que la clavélisation n'est pas exempte des inconvénients graves dont parlent les auteurs, en faisant connaître les circonstances dans lesquelles ils se produisent ; j'ai su qu'elle avait occasionné cette année-ci, dans deux troupeaux, des pertes plus considérables que n'en a jamais produites la maladie la plus meurtrière ; je l'ai su par des plaintes qui m'ont été confiées ; j'ai compris alors les dangers auxquels sont exposés les troupeaux clavélisés sans précaution par des mains inhabiles, trop présomptueuses, comme celles d'un berger, d'un empirique, deux vrais singes prêts à l'imitation, et incapables de réfléchir sur les conséquences désastreuses des imitations grossières, intempestives.

Il importe beaucoup que l'on n'ignore plus que la clavélisation n'est avantageuse, exempte de dangers, que pratiquée par des mains exercées et dans des conditions bien déterminées, et connues des vétérinaires ; conditions qui ne peuvent être à la connaissance d'un berger ou d'un empirique. C'est que l'on n'arrive à la connaissance de ces conditions que par l'étude des causes de la maladie.

Permettez-moi, Monsieur le Président, d'attirer votre attention sur ces causes ; elles méritent d'être signalées aux éleveurs, elles leur indiqueront tout ce qu'ils ont à redouter de la clavelée, et elles porteront dans leur esprit la conviction que la *science seule* peut leur épargner les dangers d'une épizootie aussi meurtrière.

Quelles sont donc les causes de la clavelée dans notre région ? Un fait bien établi, incontestable, c'est que cette maladie coïncide souvent avec l'arrivée des moutons d'Afrique, qu'elle prend naissance, quelquefois spontanément, dans une bergerie ; qu'elle *s'éteint* dans le troupeau occupant la bergerie où elle a pris naissance, ou bien qu'elle sévit épizootiquement sur une étendue plus ou moins vaste, sur tout le territoire de notre département comme cette année-ci ; qu'elle frappe capricieusement des troupeaux très éloignés les uns des autres, en en respectant un plus ou moins grand nombre placé sur sa route ; qu'elle fait ses ravages pendant une période limitée, qu'elle disparaît ensuite complètement ; que le nombre des victimes qu'elle fait est très variable ; si variable qu'il a été insignifiant pendant plusieurs années consécutives, et que cette année-ci, il a été du quart, du tiers, de la moitié et plus de l'effectif des troupeaux atteints.

Ce fait est bien connu, mais sa signification ne l'est pas assez des compatriotes de M. de Gasparin : il signifie que, dans notre département, comme partout, la clavelée a trois causes bien distinctes, avec lesquelles les éleveurs doivent compter, ce sont : l'*infection*, la *contagion*, l'*influence générale*, trois causes signalées à notre attention par M. le professeur Lafarre, trois causes que chaque propriétaire a pu voir à l'œuvre.

L'infection ne peut être mise en doute, quelque répugnance que l'on ait à admettre la génération spontanée des maladies contagieuses ; c'est avec son aide que l'on s'explique la naissance de la clavelée dans la cale des vaisseaux qui nous apportent les moutons d'Afrique, parfaitement sains à leur départ, la naissance de la clavelée dans une ferme isolée, en dehors d'une époque épizootique : dans la cale des vaisseaux, comme dans cette ferme, les conditions hygiéniques ne sont pas observées ; les animaux s'y trouvent entassés, dans un local mal aéré, et n'y reçoivent qu'une nourriture insuffisante. On *comprend* très bien la *possibilité* de la *corruption du sang* de ces animaux qui n'ont au service de leurs poumons qu'un air débilitant par sa chaleur humide, empoisonné par des miasmes, privé du principe nécessaire à la vie (l'oxygène), et ne recevant pour entretenir les forces de leurs organes affaiblis qu'une nourriture insuffisante, des feuilles sèches, de la paille, etc., et dans ces conditions *on voit chaque année naître la clavelée*. L'infection est donc une cause *très probable* qui donne naissance à la clavelée, *très souvent* dans la cale des vaisseaux, *quelquefois* dans les fermes de notre département.

Mais si l'infection n'est qu'une cause très probable, nous trouvons une cause certaine, incontestable dans la contagion. Hélas, tous nos agriculteurs connaissent bien la contagion de la clavelée ; beaucoup l'ont apprise à leurs dépens, ils savent tous que la maladie, entrée dans leurs troupeaux, ne les quittera qu'après avoir laissé des traces de son passage sur chacun de ses membres, qu'après en avoir fait périr plusieurs ; les voisins du troupeau affecté deviennent inquiets sur le sort dont se trouve menacée cette partie de leur exploitation, et ils évitent à leur troupeau l'approche de celui qui est malade. Là se bornent leurs précautions et leurs connaissances ; je dois vous prier de remarquer que c'est la seule précaution possible ; elle est très utile, mais insuffisante ; aussi voyons-nous souvent la clavelée servie par nos habitudes franchir tous les obstacles que la loi lui oppose.

L'observation de la marche de l'épizootie actuelle, le simple récit des désastres qu'elle a occasionnés à diverses époques, la lecture des mesures rigoureuses qu'on lui a jadis opposées, tout nous dévoile la puissance de la contagion de la clavelée. C'est que la contagion a à son service, non seulement le contact de l'animal malade, mais l'atmosphère dans laquelle il vit, et tous les *êtres animés* qui *traversent cette atmosphère*. Des auteurs ont donné 200 mètres comme étant l'étendue probable du rayon dans lequel la contagion peut exercer son action, l'esprit admet et l'observation prouve que cette étendue ne peut être fixée.

La première apparition de la clavelée dans ma clientèle s'est observée dans la bergerie d'un fermier séparé, par un intervalle de plus d'un kilomètre dans lequel coule le Rhône, d'une ferme ravagée par la clavelée ; la deuxième apparition a eu lieu dans le troupeau du gendre de ce fermier, habitant à 3 kilomètres de son beau-père. L'air ou les oiseaux sont coupables de la première contagion ; les relations de famille de la deuxième. L'esprit admet qu'il est impossible de calculer la distance que traversera la contagion par l'intermédiaire des êtres animés; le chien du berger, le boucher, le vétérinaire et toute la famille du propriétaire, et les amis et le berger lui-même, tous les voisins qui passent derrière la ferme pour aller cultiver leurs champs, tous sont des agents possibles de contagion; il en est de la contagion de la clavelée, comme de l'odeur des plantes odoriférantes cultivées dans nos régions ; que du fenouil, par exemple, soit entassé dans une maison, il communiquera son odeur aux vêtements de tous les habitants, s'attachera à eux et les suivra dans leurs voyages, ainsi fait le virus de la clavelée.

La distance que peut traverser le virus claveleux est donc incalculable ; il en est de même de la *durée* du temps pendant lequel un troupeau, ayant été malade, conserve la funeste propriété de communiquer la maladie à un autre troupeau.

On connaît bien le moment où commence cette propriété, on ne connaît pas celui où elle finit... La contagion est possible dès que les boutons entrent en suppuration, c'est dans ces boutons qu'on trouve le virus, mais ce virus pénètre dans la laine tassée, et peut s'y conserver, à l'abri du contact de l'air, un temps qu'on ne peut préciser.

On *sait* que le virus, l'agent de la contagion contenu dans le claveau, matière prise sur les boutons, ne peut plus communiquer la maladie après une exposition de quinze jours aux atteintes de l'air, et l'on *a vu* un troupeau, *onze mois* après sa guérison, communiquer la maladie à un autre troupeau.

Il est *certain* que quinze jours de contact de l'air suffisent pour détruire le virus ; il est *certain* que ce virus à l'abri du contact de l'air peut se conserver *indéfiniment* ; il est *possible* qu'un troupeau communique la maladie à un autre, onze mois après sa guérison.

Après cette étude, il faut convenir que la loi ne peut arrêter une contagion aussi puissante, aussi durable.

L'infection et la contagion ont des effets très variables, qui sont toujours subordonnés à un *quid ignotum*, à l'influence générale. C'est une puissance qui commande à toutes les épizooties ; c'est elle qui leur a ordonné d'être très meurtrières, cette année-ci, dans l'arrondissement d'Avignon, sur les moutons, sur les chevaux, sur les porcs, tandis qu'elle n'a exigé que de la clavelée d'être très grave, dans l'arrondissement d'Orange ; ne l'accablons pas de reproches ; elle nous a donné une clavelée bénigne, pendant un grand nombre d'années consécutives ; et elle dira à la maladie de s'arrêter ou de marcher sans tenir compte de nos lois ni de nos efforts. Rien ne peut nous faire prévoir ses funestes caprices.

Ainsi, pendant plusieurs années la clavelée s'est éteinte dans le troupeau même où elle avait pris naissance ; cette année-ci elle a frappé quatre granges à Mondragon, pas une seule à la Motte, une à Lapalud, deux sur la route de Lapalud à St-Paul-Trois-Châteaux ; et les pertes qu'elle a occasionnées ont été aussi variables ; 30 à 35 % à Mondragon dans deux fermes, 5/9 sur la route de St-Paul ; il est vrai que l'influence générale n'est pas, dans ces dernières fermes, la seule coupable ; elle a eu pour complice un empirique ; dans deux autres fermes de Mondragon, où je pratiquai la clavélisation dès que la clavelée fit son apparition, la perte se représente par 0 ; pour obéir à une exactitude rigoureuse j'avoue avoir perdu un agneau de cinq jours sur 95 bêtes clavélisées.

Voilà, sous la même influence générale, les effets de la clavelée à Mondragon, ceux de l'empirisme, et ceux de la clavélisation faite convenablement.

Le résultat de l'étude de ces trois causes ne permet aucune illusion et nous force à reconnaître qu'il nous est impossible d'empêcher la clavelée d'arriver ou de naître chaque année dans notre département, de s'y propager, et de lui occasionner soit une simple gêne, soit des pertes très sérieuses.

Ces pertes ont toujours été évitées à mes clients par les moyens que j'ai déjà nommés, la clavélisation, le régime.

Je ne crois pas nécessaire, Monsieur le Président, de vous dire en quoi consiste cette opération, qui n'est que l'imitation de l'inoculation de la petite vérole à l'homme, ni de vous déclarer qu'après des expériences nombreuses, la *vaccine* si utile à l'homme a été reconnue impuissante à préserver les brebis de la clavelée ; mais permettez-moi d'attirer votre attention sur les inconvénients que l'on a reprochés à cette méthode, afin que vous compreniez combien il nous est facile de les éviter.

1° On lui a reproché de donner une maladie qui n'existait pas.

2° De donner une maladie plus meurtrière que la clavelée elle-même.

3° D'occasionner des dépenses inutiles.

Des vétérinaires ont depuis longtemps posé les règles à suivre pour éviter tous ces inconvénients ; je n'ai eu qu'à m'y conformer, en leur faisant subir une légère modifica-

tion, pour me rendre témoin des avantages de la clavélisation.

Voici ces avantages :

1° On donne toujours une maladie légère.

2° On limite à cinq à six semaines la durée de la maladie
dans le troupeau, tandis que la claveléc naturelle dure de
trois à quatre mois.

3° On met à l'abri des atteintes d'une maladie meurtrière,
et pour toujours, les animaux opérés.

Que faut-il pour éviter tous ces inconvénients et pour
profiter de tous ces avantages ?

1° Il faut qu'en temps d'épizootie, le propriétaire sur-
veille son troupeau.

2° Qu'il fasse appeler l'opérateur dès que la clavelée
fait son apparition dans le troupeau.

3° Que l'opérateur ait à sa disposition un bon *claveau*;
on nomme ainsi l'agent morbigène, la matière virulente.

4° Que l'opération soit bien pratiquée.

Je puis vous affirmer, après le récit qui m'a été fait des
pertes éprouvées par un troupeau clavélisé par son propriétaire et par un empirique, que le choix du claveau et
la pratique de l'opération ne peuvent être confiés qu'à un
vétérinaire. On ne se doute pas assez des précautions que
prend le vétérinaire, seul homme conscient de la valeur
du claveau, pour se le procurer irréprochable ; il faudrait
que l'on n'ignorât plus que ce claveau, en temps d'épizootie, est parfois introuvable ; c'est la seule difficulté que
rencontre la mise en pratique de la clavélisation, telle que
je la pratique ; mais cette difficulté disparaîtra quand les
propriétaires se montreront plus soucieux de recourir à la
clavélisation ; alors les vétérinaires auront toujours une
provision de ce claveau précieux. Le seul reproche qu'on
puisse faire à cette méthode c'est qu'elle expose à la perte
de quelques agneaux très jeunes ; j'ai vu mourir trois
agneaux, nés avant que leur mère eût traversé la période
fébrile de la clavelée ; j'en ai vu mourir un autre âgé
de cinq jours au moment où je clavélisai sa mère ; ces

faits semblent prouver que le lait des mères fébricitantes est mortel pour les très jeunes agneaux ; j'ai fait aussi une observation que je n'ai trouvé racontée nulle part : j'ai observé que les agneaux nés d'une mère dont la clavelée avait atteint la période de suppuration, se portaient très bien, et jouissaient de l'immunité, c'est-à-dire qu'ils ne pouvaient pas contracter la maladie ; enfin, tous les agneaux âgés de plus de dix-huit jours ont très bien supporté la clavélisation.

Si on compare ces résultats avec ceux produits par la clavelée naturelle, on les trouve bien préférables, puisque celle-ci fait avorter la majorité des brebis et entraîne souvent la mort et de la brebis et de l'agneau.

Veuillez, Monsieur le Président, attirer l'attention de la Société et de tous les agriculteurs, sur les avantages de la clavélisation ; veuillez leur faire comprendre que cette opération ne leur sera utile que pratiquée par un vétérinaire et qu'elle leur sera toujours nuisible pratiquée par des mains inhabiles. La clavélisation est l'arme la plus puissante que vous puissiez utiliser pour combattre la maladie la plus meurtrière, et la réduire à n'être qu'une gêne momentanée et peu coûteuse.

Mais pour que la clavélisation fournisse tous ses avantages, il faut l'aider par un régime convenable. Les malades atteints par l'épizootie seront séparés du troupeau, il seront l'objet d'une surveillance plus attentive et recevront les soins variables exigés par leur état, ordonnés par le vétérinaire. Les troupeaux malades doivent être tenus dans un air chaud et pur ; cet air, généralement dans notre région est trop chaud et pas assez souvent renouvelé ; malheur au propriétaire qui expose son troupeau à un refroidissement ! Malheur à celui qui le laisse dans une atmosphère viciée ! On détruit les miasmes de la bergerie dans laquelle on ne peut assez souvent opérer le renouvellement de l'air en l'arrosant avec l'acide phénique. Cet anti-miasmatique puissant, en usage dans tous les hôpitaux, me donne chaque année, dans les écuries remplies de chevaux atteints de plaies suppurantes, des résultats si satisfaisants, que je suis autorisé à le croire très utile dans les bergeries.

Voilà tout ce que la science peut faire pour arrêter la clavelée, pour la détruire.

Il me paraît utile maintenant de comparer les effets des moyens que la science met à votre disposition pour combattre cette maladie, avec les effets probables des moyens que la loi peut vous donner pour vous en préserver. La science change la gravité de la maladie, la réduit à n'être qu'une gêne momentanée, la rend inoffensive ; la loi, en imposant une quarantaine ou un isolement rigoureux, amènera des pertes ruineuses et non sûrement préservatives de la contagion.

La science ne vous demande que le sacrifice d'une gêne de quelques jours, que l'abandon possible de quelques agneaux ; la loi exigera du commerce l'immobilisation d'un capital considérable, augmentera le prix des bestiaux, occasionnera une mortalité incalculable.

S'il vous plaisait en ce moment-ci, Monsieur le Président, d'avoir présent à l'esprit ce que je viens d'avoir l'honneur de vous écrire, sur les conditions dans lesquelles la clavelée prend naissance, se propage, et fait un nombre de victimes si variables, sur les moyens que le médecin vétérinaire met à la disposition des propriétaires pour les débarrasser à peu de frais et en peu de temps de cette maladie, sur les pertes incalculables qu'entraînerait une quarantaine : si vous considérez en même temps que les commerçants de bestiaux, comme tous les Français, sont toujours responsables des dommages qu'ils occasionnent, il vous serait facile d'admettre que les conclusions de ma trop longue lettre sont forcément les suivantes :

Liberté du commerce ;

Clavélisation conseillée ou imposée, pour tout le restant d'un troupeau atteint de la clavelée.

Je termine par une réflexion que je soumets à votre appréciation : un auteur a écrit que la clavélisation déli-

vrerait la campagne de l'un de ses plus cruels fléaux ; j'ai
vu cette opération en délivrer tous mes clients.

D'autre épizooties désolent aussi nos campagnes ; leurs
ravages découragent les propriétaires, les fermiers, qui ne
savent plus comment utiliser leurs propriétés ; elles font
périr les porcs et les chevaux ; elles méritent aussi d'être
l'objet de votre attention.

Des usages qui se propagent dans la campagne, une
expérience de cinq ans, des succès constants, m'autori-
sent à vous déclarer que la médecine vétérinaire délivrera l'agriculturé du *rouget* et de la *typhose*.

Puisse cette déclaration être prise en sérieuse considé-
ration par la Société que vous présidez.

Je vous prie, Monsieur le Président, d'agréer l'assurance de mes sentiments très respectueux.

A. MAUCUER,
Médecin-Vétérinaire.

Bollène, le 20 Décembre 1876.

RAPPORT DE M. LUNEAU

Vétérinaire à Avignon

SUR LA CLAVELÉE

lu dans la Séance du 6 Février 1877.

A Monsieur le Président de la Société d'Agriculture & d'Horticulture
du département de Vaucluse.

Monsieur le Président,

Dans la dernière séance tenue par la Société d'Agriculture de Vaucluse, vous m'avez fait l'honneur de me dési-
gner, afin de faire un rapport sur les inconvénients qui

existent pour nos localités dans l'introduction des moutons qui nous viennent d'Afrique et qui sont, pour ainsi dire, une cause permanente d'infection de nos troupeaux indigènes, et sur les moyens de police sanitaire qu'il y aurait à prendre afin d'empêcher les inconvénients signalés de se produire.

Bien que la clavelée ait existé de tout temps, elle se trouve néanmoins décrite pour la première fois en 1578 par Laurent Joubert, qui l'avait étudiée dans les environs de Montpellier. Un siècle plus tard, en 1691, elle fut de nouveau signalée par Ramazzini qui l'avait observée autour de Modène. C'est surtout dans la seconde moitié du xviii° siècle et au commencement de celui-ci, alors que partout on commençait à attacher plus d'importance à l'espèce ovine, que la clavelée a été signalée en France, en Allemagne et en Italie. Elle fit des ravages dans les environs de Beauvais en 1746, 1754, 1761 et 1762. En 1773 elle régna dans le Dauphiné, l'année suivante dans les environs de Paris, et en 1776 sur le beau troupeau de Rambouillet nouvellement importé. En 1796 les départements d'Eure-et-Loir, de l'Aisne, de la Seine-Inférieure et du Pas-de-Calais furent ravagés par la clavelée. En 1801 on signala la maladie dans les troupeaux des Hautes-Pyrénées, en 1803 dans la Creuse, en 1804 dans le Rhône et en 1805 dans la Seine-et-Marne et la Marne ; en 1808 dans l'Aube et le Gers les troupeaux furent fortement décimés. L'année 1810 fut une des plus accablantes pour les bêtes ovines ; tout le Dauphiné, le Languedoc, la Guyenne, la Gascogne, la Lorraine et la Champagne, ainsi que les environs de Paris éprouvèrent des pertes considérables. Dans les années suivantes la maladie se montrait tantôt dans un département, tantôt dans un autre ; elle se trouvait même répandue dans toute l'Europe et devenait enzootique dans quelques contrées. A ces époques les environs de Paris perdaient chaque année pour une valeur de plus de trente mille francs, et, selon les calculs faits par plusieurs vétérinaires, les victimes que la clavelée aurait faites en France en 1819 s'élevaient à plus d'un million de bêtes à laine.

Aujourd'hui la maladie est plus rare ; le Midi de la France, où, dans la première moitié de ce siècle, la clavelée était à peu près permanente, ou au moins revenait épizootiquement tous les dix ou quinze ans, ne voit plus la maladie se montrer qu'après des importations de moutons achetés en Algérie.

Par l'historique que je viens de faire de la clavelée, on s'aperçoit facilement que cette maladie a existé en France à diverses époques, et les ravages qu'elle a faits ont été souvent désastreux. Cependant, il faut en convenir, jamais dans nos provinces du Sud la clavelée n'avait sévi avec autant d'intensité, surtout dans ces derniers temps, que depuis l'introduction des moutons d'Afrique.

Que faut-il en conclure ? C'est que les moutons algériens qui sont infectés d'une manière presque permanente donnent leur maladie avec une facilité étrange à nos troupeaux indigènes, et que chez ces derniers elle est beaucoup plus grave et plus meurtrière que chez les premiers.

Quelles mesures doit-on prendre pour empêcher les inconvénients de contagion signalés de se produire. Sous ce rapport, il est difficile, pour ne pas dire impossible, d'arriver au résultat que l'on se propose. Le Gouvernement, dans des cas de ce genre, a souvent pris des mesures permanentes ayant pour but d'empêcher l'introduction de la clavelée dans un pays, il y a renoncé. Ne pouvant interdire complètement l'importation des bêtes ovines, on a quelquefois proposé des quarantaines, et un service spécial de surveillance et d'inspection vétérinaire à la frontière, mais toutes ces mesures sont non-seulement d'une application dispendieuse, mais encore elles ne fournissent pas la certitude voulue, et ne peuvent pas toujours empêcher la maladie d'entrer, attendu qu'elle peut être latente ; les moutons sains en apparence peuvent porter le germe du mal ou être imprégnés de virus, même après la guérison : deux conditions impossibles à constater à la simple

visite ; du reste ces mesures sont surtout d'une exécution
difficile aujourd'hui que, grâce aux chemins de fer, les
transports de moutons se font en grand nombre, et avec
le moins de pertes de temps possible ; les inspecter dans
les wagons n'est pas possible, et les faire toujours débar-
quer serait un grand embarras.

Je crois que la seule chose possible et efficace, autant
que faire se peut est la suivante. Il faudrait avant tout
que le Gouvernement fît prendre en Afrique, les mêmes
mesures de police sanitaire qu'en France et ensuite que
l'on exigeât des certificats d'origine, constatant l'état sa
nitaire du troupeau ainsi que l'état sanitaire du pays d'ou
viennent ces animaux, le tout sous la surveillance et le
bien-vu de vétérinaires.

RAPPORT DE M. SOUMILLE

Vétérinaire à Avignon

SUR LA CLAVELÉE, LE ROUGET ET LA TYPHOSE

lu dans la Séance du 6 Février 1877.

Messieurs,

Il est de mon devoir, en ma qualité de vétérinaire
inspecteur des épizooties dans le département de Vaucluse,
de vous entretenir un instant d'un nouveau fléau qui est
venu fondre sur notre agriculture si rudement éprouvée
depuis quelque temps.

N'était-ce pas assez de voir les éducations de vers-à-soie
compromises d'année en année, la mortalité du vignoble
par le phylloxéra, l'avilissement du prix de la garance,

cette précieuse rubiacée qui faisait la fortune du pays, dont la concurrence que lui fait l'alizarine artificielle a réduit considérablement la culture ; il fallait encore pour combler la mesure de nos malheurs, que le génie destructeur, après avoir frappé le menu bétail, s'abattît sur les espèces chevaline et mulassière.

L'année 1876 a été féconde en épizooties. Avant de vous faire connaître celle qui frappe encore en ce moment les chevaux et mulets, il est bon d'indiquer sommairement celles qui ont frappé les moutons et les porcs.

L'espèce ovine a été fortement éprouvée par la *clavelée* autrement dite *picote*, maladie virulente, épizootique et contagieuse, qui se manifeste par des boutons plus ou moins gros aux ars, au plat des cuisses et autres endroits de la peau, à la tête. Elle a sévi sur une très grande échelle dans la région du sud-est, avec un caractère malin ; la mortalité a dépassé le chiffre moyen : il résulte des nombreuses visites de troupeaux et d'une enquête que j'ai faite, qu'elle s'élève de 35 à 38 pour cent.

Cette maladie dure encore, quoique en décroissance, malgré les moyens préventifs, médicinaux et de salubrité qu'on lui oppose. Les agriculteurs, possesseurs de troupeaux, étaient tellement émus de voir la clavelée prendre de si grandes proportions, que chacun avait à cœur de faire sa déclaration à l'autorité administrative, afin d'opposer une barrière préventive infranchissable à la contagion. Malgré les moyens mis en usage, tels que la clavélisation, la séquestration des malades, la stabulation permanente dans des bergeries tenues chaudement, une bonne hygiène, les cantonnements des troupeaux reconnus encore indemnes, la maladie a toujours gagné du terrain.

De tout temps la clavelée a existé ; on prétend que les moutons de provenance d'Afrique sont la principale cause de sa propagation. Cette assertion, vraie ou non, trouve des adhérents et des détracteurs ; sans nier toutefois qu'elle soit complètement vraie, il est reconnu que les moutons d'Afrique n'arrivent sur nos marchés que depuis moins de

3

trente ans, et que la clavelée sévissait auparavant, comme elle sévit aujourd'hui, avec autant d'intensité.

Je suis loin de contredire les mesures proposées par notre honorable collègue de la Société d'Agriculture relativement aux moutons d'Afrique ; j'y applaudis d'autant plus que moi-même je demandai à M. Delcussot, alors préfet de Vaucluse, l'application de ces mesures.

Le Ministre répondit que la question était très délicate et qu'avant d'attenter à la liberté du commerce, il convenait de bien s'en pénétrer et d'attendre. Depuis, les choses en sont restées là.

Vous connaissez, Messieurs, l'opinion des vétérinaires et autres membres très distingués de la Société d'Agriculture, qui ont pris part à la discussion à la réunion du 2 janvier dernier, le procès-verbal de la séance dans le *Bulletin* du même mois l'ayant reproduite, je me dispense d'entrer dans aucuns détails.

L'unique moyen de préserver les troupeaux de la clavelée, a-t-on dit, est la clavélisation. Il est certain que si l'on avait toujours sous la main les éléments nécessaires et les hommes aptes à la pratiquer, on réussirait plus souvent que d'échouer ; mais une fois c'est le claveau qui manque, une autre fois ce sont des aides intelligents ; enfin c'est toujours quelque chose qui s'en mêle, ne serait-ce que la dépense qui répugne aux propriétaires des troupeaux.

Dans nos pays où les troupeaux de moutons quoique nombreux comptent peu de têtes, ce sont les bergers qui clavelisent ordinairement leurs moutons. Inconscients de ce qu'ils font, il leur arrive souvent de ne pas réussir ou de procurer aux clavélisés une forte fièvre, soit par la trop grande quantité de virus inoculé, soit par la multiplicité des piqûres.

Les auteurs qui se sont occupés de la clavélisation, diffèrent d'opinion sur sa valeur relative, cependant les savants, les auteurs modernes, les agronomes distingués de nos jours s'accordent à la préconiser.

Inutile, Messieurs, de fatiguer votre attention par la

description des divers procédés opératoires ; l'exposé que je viens de faire est purement pratique, comme l'est l'auditoire à qui je m'adresse et qui me fait l'honneur de m'écouter.

Avant d'en finir avec la clavelée, j'ajouterai qu'il m'a été dit, et je l'ai observé moi-même, que des troupeaux non clavélisés, comptant dans le nombre plusieurs sujets claveleux, n'ont pas plus été maltraités que certains autres troupeaux qu'on avait clavélisés. Le nombre des propriétaires qui ne clavélisent pas leurs troupeaux est plus grand, que ceux qui pratiquent la clavélisation ; ont-ils raison ou tort ? l'expérience et le temps pourront nous l'apprendre !

A peine la clavelée commençait-elle à s'amender, qu'une nouvelle maladie éclata, sur une autre espèce animale ; j'ai nommé l'espèce porcine. A partir du mois d'août 1876, les porcs des communes d'Avignon, ses limitrophes et celles qui longent les rives de la Durance, ont eu à subir l'influence d'une maladie qui a fait beaucoup de victimes. De tous les sujets qui ont été atteints, un très petit nombre a échappé à la mort ; d'autres ont pu être utilisés en les égorgeant, dès les premiers signes apparents de la maladie.

La mortalité a été bien grande ; une sorte de panique régnait alors dans les campagnes. Des hommes cupides et coupables les parcouraient et se faisaient les échos de ces terreurs, dans le but d'effrayer et de décider les propriétaires à leur vendre à vil prix les porcs sains, comme les malades : ces hommes immoraux et peu délicats fabriquaient clandestinement avec ces viandes malsaines, soit des saucissons, des saucisses et autres charcuteries, qu'ils faisaient vendre dans les grands centres de population.

Vous vous rappelez, Messieurs, la chose est trop récente, ces deux charcutiers de Cavaillon, qui ont été condamnés par le Tribunal correctionnel d'Avignon, pour avoir débité et vendu des viandes malsaines, provenant d'un porc mort de la maladie, acheté à vil prix. Le *rouget* est le nom de cette maladie ; elle s'était tant répandue dans les campagnes, que des bruits étranges et des rapports arrivant aux oreilles de l'autorité, provoquèrent un arrêté, interdisant l'abattage de ces animaux et l'entrée dans la ville d'Avignon, de viandes fraîches à la main, et de toute préparation de charcuterie.

Enfin le *rouget* ayant cessé de se montrer, l'interdiction fut levée.

Cette maladie est enzootique dans quelques localités ; chaque année elle fait son apparition et enlève quelques victimes : c'est ordinairement pendant les fortes chaleurs de l'été qu'elle se montre, alors que les fruits de toutes sortes abondent.

L'usage réitéré et copieux soit des fruits, des légumes, tels que la tomate, l'aubergine, la pomme de terre crue avariée, et surtout la betterave, le melon, la pastèque, le concombre, peuvent bien être une des principales causes. En effet, le porc, doué d'un appétit glouton, absorbe et s'accommode d'un tas d'aliments qui répugnent à d'autres bestiaux.

J'ai souvent eu l'occasion, dans ma longue pratique, d'observer ce que j'avance. Je vais en citer un exemple. Dans le courant du mois d'août ou septembre 1876, je fus appelé dans une ferme où il y avait des porcs malades. Quatorze ou seize, dont trois gras, étaient morts la veille. Sur le nombre, j'en vis quatre fortement compromis. Depuis un jour ou deux, ils ne mangeaient plus ou très peu, fuyaient leurs camarades, marchant avec peine, la queue pendante au lieu d'être retroussée, cherchant les endroits frais et s'y couchant ; si c'était sur la litière ils s'y enfonçaient dedans jusqu'à se couvrir entièrement de paille, et là ils grognaient à leur aise jusqu'à ce qu'on les forçât d'en sortir.

Ayant appris qu'ils avaient consommé une grande quantité de melons, courges, pastèques et autres cucurbitacées, je fis cessser immédiatement ce régime qu'on remplaça pendant quelques jours par le boire au blanc additionné de sulfate de soude ; peu à peu les plus malades reprirent leur appétit ordinaire et revinrent à la santé ainsi que les autres.

Le rouget est une maladie qui marche très rapidement.

Si on est averti dès le commencement, on peut, par des soins entendus prévenir la mort ; les viandes de porcs abattus dans ces conditions peuvent être consommées sans crainte ; comme elles seront dangereuses, la maladie étant développée.

Il est dans cet auditoire qui m'écoute des agriculteurs qui élèvent et engraissent des porcs ; eh bien, ils savent tous les difficultés qu'on éprouve à faire prendre une médecine quelconque à un porc malade ; il est d'abord très difficile à saisir et à contenir, il s'oppose à tout ce qu'on veut lui faire, il grogne et crie sur un ton à rendre l'ouïe à un sourd de naissance. La colère qu'il éprouve quand il se sent tenu est capable d'accélérer sa maladie jusqu'à le tuer. Tout ce qu'on peut lui administrer ce sont des lavements, des frictions ou des ablutions sur le corps. En résumé, le meilleur moyen (il est toujours sûr) quand un porc a perdu l'appétit et qu'on le reconnaît malade est de l'occire au plus tôt, soit-il gras ou maigre.

Avant d'en finir avec l'espèce porcine, digne de l'attention de tout le monde, soit par les services qu'elle rend à notre pauvre humanité, en nous procurant de son vivant ce fameux tubercule si recherché des gourmets, soit par ses viandes de goûts variés pour assouvir ce besoin constamment renaissant de la faim, j'ajouterai encore quelques mots à ce que je vous ai déjà dit relativement à la maladie qui nous occupe.

Il y a de cela bien des années, je fus appelé dans une communauté de religieuses de notre ville, pour voir des porcs qui mouraient après deux ou trois jours de malaise. Savez-vous ce que je découvris à l'autopsie cadavérique ? je trouvai la membrane muqueuse de l'estomac tellement enflammée et phlogosée, qu'elle se détachait par *sphacèle*, (dans la crainte de n'être pas bien compris, je dis que les estomacs de ces animaux étaient en partie gangrenés.) Je me fis représenter les aliments qu'on leur donnait à manger ; on me fit voir un tas de courges et de concombres, frais ou desséchés, et l'on me dit que depuis quelque temps c'était leur nourriture habituelle.

J'ordonnai de cesser ce régime ; peu après ceux qui étaient un peu malades recouvrèrent la santé, et la mortalité s'arrêta.

Il mourut donc, par suite de ce mauvais régime, quatre à cinq porcs de 150 kilog. de viande l'un.

Maintenant, Messieurs, je vais vous parler et compléter l'histoire de cette terrible maladie qui sévit sur les espèces chevaline et mulassière, dont il fut dit quelques mots dans la séance du 2 janvier 1877.

Cette maladie a été désignée sous le nom de *typhose*, sans doute par l'analogie qu'elle a avec les maladies typhoïdes, (acceptons le mot.)

Elle se déclare ordinairement sans signes prodromiques, non contagieuse, atteignant l'espèce chevaline et l'espèce mulassière, jamais l'espèce asine ; elle a la marche rapide, la durée courte, se terminant très souvent par la mort. Les animaux employés à l'agriculture, aux services des messageries, du roulage, des camions, des fiacres, des omnibus, sont préférablement atteints à ceux bien entretenus qui travaillent peu, les chevaux des bourgeois, les chevaux d'armes, de la gendarmerie, par exemple.

Assez souvent, c'est après une course plus ou moins longue à la voiture ou attelé à une charrette plus ou moins chargée que l'animal tombe malade, et notez bien, après avoir mangé et bu comme à son habitude.

Le premier symptôme de la maladie est l'inappétence : le malade refuse tout aliment solide, il en est de même des liquides ; si on lui offre à boire, il touche à peine des lèvres le liquide, se retire et tient la tête basse : il a l'air hébêté, reste immobile dans sa place sans mouvement, sa peau et ses oreilles sont plutôt froides que chaudes, ses reins sont insensibles, ses yeux sont injectés, les conjonctives sont de couleurs blafardes, si elles ne sont déjà jaunes. Une heure après on observe d'autres symptômes, l'animal éprouve des crampes, des frissons, ses membres craquent, il se meut lentement quand on l'y oblige, la prostration des forces se prononce si rapidement qu'il se tient droit avec peine, quelquefois il se laisse tomber. Son pouls est lent, mou, l'artère est flasque, peu à peu sa vue s'affaiblit ou se perd entièrement : il éprouve alors une stupeur complète, bientôt il ne sent ni n'entend. En cet état, il est entièrement indifférent à ce qui se passe autour de lui. Enfin, si rien n'améliore son état, des signes ataxiques se déclarent, il butte à la mangeoire, pousse de la tête en avant contre le ratelier, se cabre, et dans les mouvements désordonnés qu'il exécute s'abat sur la litière.

D'autres fois il éprouve des coliques, se couche et se relève ; assez souvent on observe un commencement de paralysie du train postérieur, ou bien des signes d'une affection des voies respiratoires, ce qui fait dire que cette maladie se déclare sous trois formes différentes, encéphalique, pectorale ou abdominale. La forme encéphalique est presque toujours mortelle : sous les deux autres formes, il y a plus de chances de succès pour la guérison.

La marche de la typhose est rapide ; en effet, quand elle doit se terminer par la mort, 12 heures, 24 au plus, c'est sa durée ordinaire.

C'est toujours de bon augure quand elle se prolonge au-delà du troisième jour ; on voit alors le pouls se relever, les sens revenir. Quand le malade commence à boire seul, on peut en quelque sorte considérer la guérison comme certaine, à moins qu'une maladie chronique dont on n'a nullement soupçonné l'existence ne vienne compliquer cette dernière ; toujours est-il que la typhose est guérie.

Pendant toute la durée de la maladie les évacuations sont presque nulles. J'ai remarqué dans presque tous les cas, que le malade urinait péniblement en faisant de grands efforts, pour rendre une urine fortement colorée en brun, quelquefois on aurait dit du sang, de même qu'on n'entend aucuns mouvements péristaltiques du tube intestinal.

Si je ne craignais, Messieurs, d'abuser de vos moments et de fatiguer votre attention, j'entrerais dans des détails scientifiques plus étendus, mais la composition de cette

honorable assemblée, représentée par des hommes essentiellement pratiques, me commande la briéveté et surtout
la clarté du langage.

Point donc n'est ici le lieu et le moment de faire un
historique *ex-professo* de la maladie qui nous occupe, il
suffit, ce me semble, de vous la faire connaître en vous
signalant ses points les plus saillants, ainsi que les moyens
employés pour la combattre.

Jusqu'à présent on n'a pas découvert de traitements
spécifiques : chaque praticien a sa manière, et emploie les
médicaments qui lui paraissent être les plus convenables
selon comme il considère la nature de la maladie ; les uns
accusent que c'est l'appareil gastro-intestinal qui est ma ·
lade, d'autres accusent le foie, le cerveau ; enfin beaucoup
admettent que c'est une maladie du sang.

On a beaucoup vanté l'usage de l'acide phénique et autres préparations où cet acide figure : on a dit avoir obtenu
la résurrection de plusieurs sujets bien malades, par ce
traitement. Loin de nier les succès obtenus, il est de fait
qu'il a échoué entre des mains peut-être inhabiles ou peu
habituées à en faire usage. On a employé aussi, dit-on,
avec succès l'hydrochlorate d'ammoniaque, les sinapismes et tous autres révulsifs externes.

D'autres praticiens qui accusent au contraire le tube gastro-intestinal, ont administré les purgatifs ; ils assurent
également avoir obtenu des guérisons. Le seul tort qu'on
reproche à ce traitement est d'agir trop lentement, surtout
quand l'état de la maladie est très avancé. Il faudrait
avoir sous la main des purgatifs dont l'action opérât plus
rapidement que ne le font l'aloès, le sulfate de soude,
l'huile de ricin et autres, employés dans ces cas-là.

Depuis que cette maladie s'est montrée, j'ai vu, comme
beaucoup de mes collègues vétérinaires, un bon nombre
de malades, j'ai usé de plusieurs modes de traitement ;
fatigué et contrarié de mes insuccès, je pris l'avis de mon
distingué confrère de Bollène, dont des articles émanant
de sa plume occupent depuis quelque temps les lecteurs
du *Journal du Midi*.

J'employai donc sa méthode comme il me l'indiqua, sur trois ou quatre sujets, très malades il est vrai ; le traitement phéniqué fut infructueux entre mes mains.

Dans les derniers jours du mois de décembre dernier, j'avais en même temps deux chevaux et une jument atteints de la typhose ; deux furent soumis au traitement phéniqué et un à l'action des purgatifs, les deux premiers moururent, l'un, le même jour, et le deuxième en 48 heures.

Quant au troisième, presque abandonné, j'observai un peu de mieux, 24 heures après l'administration du premier purgatif, alors que des borborygmes ou gargouillements du ventre se firent entendre ; à partir de ce moment le mieux ne s'accentua que plus, une diarrhée abondante se prononça ; quoique bien affaibli, le malade devint gai, il cherchait à manger, buvait seul ; dès lors je le considérai comme étant à peu près guéri. Je dois dire, pour être juste, que je ne mis ce traitement purgatif en usage, qu'après une consultation que j'eus avec mon vieux confrère et ami M. Luneau, qui m'assura en avoir obtenu beaucoup de succès ; il m'engagea vivement à suivre cette méthode, ce que je fis et continue à faire. Depuis cette époque, j'ai eu quatre chevaux à traiter, deux étaient presque morts quand je fus appelé, les deux autres dont la maladie était moins avancée guérirent ; sept à huit jours après tous signes maladifs avaient disparu, sauf la couleur jaune des yeux.

Une fois la guérison bien assurée, je donne à manger peu à peu du bon foin, et des barbotages au son et à la farine d'orge : quelques jours après, j'ajoute un peu d'avoine mêlée au son frisé ; je donne également des carottes jaunes ou blanches, des betteraves, en un mot quelques aliments aqueux, soit pour varier un peu la nourriture, soit pour apaiser la soif devenue ardente.

Avant de terminer ce rapport, déjà trop long, il me resterait, pour compléter ma tâche, à dire quelques mots sur les lésions qu'on rencontre à l'autopsie des cadavres ; je préfère m'en dispenser et les changer en quelques conseils,

4

tant sur les précautions à prendre pour prévenir la maladie, que sur les premiers soins à donner en attendant l'arrivée du vétérinaire.

Il faut éviter autant que possible les refroidissements et tout ce qui peut troubler la digestion. La plupart du temps, cela est le point de départ de la maladie. Le plus souvent on ferait avorter la maladie qui tend à se déclarer, si on couvrait l'animal d'une bonne couverture en laine, et si on lui administrait un breuvage cordial, dès les premiers signes du malaise.

Du moment que l'animal refuse ce qu'on lui donne à manger et à boire, gardez-vous de lui offrir d'autres aliments dans le but d'exciter son appétit. Otez-lui au contraire tout ce qu'il peut y avoir dans son ratelier, mettez-le à la diète absolue jusqu'à ce que vous le voyiez chercher les fétus de fourrage dans la mangeoire, ou la paille de sa litière ; mais s'il persiste à ne rien vouloir prendre, s'il devient sot, reste immobile dans sa place, n'hésitez plus à appeler votre vétérinaire : c'est au début de la maladie qu'il y a le plus de chance de succès pour la combattre et la guérir, chose plus difficile à obtenir, si par votre négligence ou votre incurie vous attendez davantage. Alors la série de symptômes graves et alarmants se déclare, les médicaments restent souvent sans effets, il arrive parfois qu'on ne peut pas les administrer parce que l'animal est dangereux à approcher.

Il est bon également de désinfecter les écuries, soit avec l'acide phénique, carbolique, la liqueur de Labarraque, le coaltar, et tous autres désinfectants.

Je dois vous dire, Messieurs, que depuis la rédaction de ce rapport, que des occupations imprévues m'empêchèrent de lire à la séance précédente, les cas de typhose deviennent plus rares : parmi ceux qui se sont présentés dans ma pratique, j'ai observé des symptômes moins alarmants, et partant plus de guérison que par le passé.

En finissant, je répéterai ce qui a été dit en fait de moyens préventifs : pourquoi sont-ce les animaux travailleurs que la maladie frappe de préférence ? parce que c'est envers eux que les lois d'une bonne hygiène sont le plus mal observées. Pénétrons-nous donc tous de ce vieux précepte : Mieux vaut prévenir que guérir !

Avignon, Janvier 1877.

SOUMILLE, *méd.-vétérinaire*.
Inspecteur des épizooties.

NOTE SUR LA TYPHOSE

Lue en Séance le 6 Février 1877, par M. LAUGIER Père, *Vétérinaire des Epizooties pour l'arrondissement d'Orange, et Membre de la Société d'Agriculture & d'Horticulture de Vaucluse.*

Monsieur le Président,
Messieurs,

Vous venez d'entendre la lecture du long et remarquable rapport de notre honorable collègue M. Soumille sur la redoutable maladie qui règne dans nos contrées sur les espèce chevaline et mulassière ; dans ce rapport, des grandes questions de pathogénie, de physiologie, de thérapeutique, ont été traitées avec l'habileté qui fait l'éloge de l'auteur ; je m'associe aux membres de la Société pour lui accorder des remercîments.

Notre profession de vétérinaire praticien nous impose le devoir de mettre au grand jour les observations que nous avons recueillies dans notre pratique ; je n'hésite pas un instant à soumettre à l'honorable Société, à laquelle j'appartiens depuis de longues années, les faits que j'ai pu rassembler sur la maladie qui fait le sujet de notre conférence.

Messieurs, je me suis imposé le devoir de ne rien emprunter à la médecine théorique, assise sur des bases hypothétiques, je ne dis pas absurdes, mais peu claires et peu sûres, soulevant très souvent des discussions stériles, qui entrainent avec elles des polémiques sans avantages pour la science. Partant de ce principe, j'adopte le nom de *Typhose* donné à cette maladie par des auteurs vétérinaires, que je considère et que je respecte, mais mon devoir m'oblige avant de donner le détail du résultat de mes observations, de vous faire connaitre l'étymologie du mot *Typhose*, ce mot dérivé du grec τυφος signifie *stupeur*; le mot *stupeur* est un symptôme commun à beaucoup de pyrexies à type continu ou rémittent ; je m'arrête sur ce dilemme : ma tâche est de vous faire connaitre les désordres organiques que j'aurai à vous signaler dans cette note ; ces désordres dépendent en général d'une altération primitive du sang : telle est mon opinion.

Les principaux points à examiner dans la *Typhose*, sont : 1° les symptômes qui la caractérisent ; 2° les causes présumées qui peuvent lui donner naissance ; 3° les principaux organes reconnus, à l'ouverture des cadavres, comme étant le siège de la maladie ; 4° enfin le traitement que le vétérinaire praticien doit lui opposer.

1° Symptômes. La fièvre qui occupe en ce moment les vétérinaires dans notre pays se présente à l'observateur sous un aspect lugubre ; les principales fonctions indispensables à l'entretien de la vie par leurs connexions intimes sont troublées dans leur marche, les viscères destinés à produire ou à concourir à la nutrition ou l'élaboration des sucs nutritifs, sont avec la promptitude de l'étincelle électrique paralysés, ne fonctionnent plus, la maladie éclate brusquement ; la série des symptômes alarmants que je vais avoir l'honneur de vous énumérer, résultat de mes observations, vous en donnera une preuve convaincante.

L'animal que l'on a vu une heure auparavant au travail, arrivé à l'écurie ne cherche pas à manger, ou dans d'autres circonstances la mastication cesse tout-à-coup, il est triste, abattu, l'appui de la tête se fait au fond de la mangeoire ; dérangement notable dans la circulation, l'artère est flasque, le pouls petit, faible, mou, irrégulier ; la conjonctive est colorée en rouge vineux reflétant une teinte légèrement jaunâtre ; la muqueuse buccale reflète la même teinte ; il y a toujours météorisation, diarrhée ou constipation, tremblements généraux ; la peau est froide, la respiration s'exécute par saccades, très souvent la maladie se complique de l'inflammation du cerveau. L'état de *stupeur* est alors plus grand, la colonne vertébrale est insensible à la pression, l'animal écarte les membres antérieurs, sa marche est pénible et vacillante, parfois inpossible ; le système nerveux est alors largement compromis. Dans cet état l'animal a des tendances à mordre et ne tarde pas à succomber. Tels sont, Messieurs, les principaux symptômes que j'ai observés chaque fois que j'ai été appelé à donner mes soins à des animaux atteints de cette redoutable maladie ; les symptômes énumérés varient en plus ou en moins, suivant l'intensité de la maladie.

2° Ce second paragraphe comprend les causes. J'ai dit que l'invasion de cette maladie est excessivement obscure ; que les signes précurseurs sont à peu près nuls ; par conséquent les causes sont difficiles à énumérer ; pour moi, elles me sont inconnues jusqu'à aujourd'hui ; on pourrait dénombrer des causes communes à beaucoup de maladies, telles que le repos absolu ou l'exercice trop forcé, fourrage mal récolté, refroidissement subit de la peau, etc... J'avoue Messieurs, mon ignorance sur ce paragraphe, mais ce qu'il importe de faire connaître, se sont les lésions des organes, que l'on rencontre à l'autopsie cadavérique ; je crois que ce moyen seul peut conduire le praticien à trouver les remèdes pour combattre la *Typhose*.

3° Autopsie cadavérique : l'autopsie m'a fait connaître les lésions suivantes : dans la généralité des cas la muqueuse de l'estomac est un peu enflammée, au contraire celle du gros intestin et de l'intestin grêle est fortement injectée d'une teinte lie de vin légèrement jaunâtre, la rate est toujours plus volumineuse que dans son état normal, elle est très friable, le foie est quelque fois plus volumineux que dans son état ordinaire, la vésicule biliaire ne m'a présenté rien de bien remarquable à vous signaler ; j'ai rencontré très-souvent les ventricules du cœur gorgés de sang. J'ai toujours trouvé les veines et les artères pleines de sang noir, l'inflammation du péritoine et le liquide de couleur citrine contenu dans cette sérieuse lésion que je considère consécutive à la maladie. Cette maladie est, comme vous le voyez, très grave parce qu'elle compromet dans son ensemble des organes indispensables à l'existence de l'individu.

4° Il me reste, Messieurs, à vous entretenir de celle qui comprend le traitement.

Le traitement de la *typhose* est le point le plus important, parce qu'il embrasse les intérêts généraux d'un pays, l'intérêt privé, et, si j'ose le dire, l'honneur du vétérinaire praticien.

Je respecte les médications antiphlogistiques et antiseptiques, médications qui ont été prônées par des auteurs et des praticiens vétérinaires pour combattre la *typhose* : je me suis imposé la tâche de vous rapporter et de vous faire connaître le traitement que j'ai suivi ; traitement qui mérite toute *votre attention* parce qu'il a pour bases les symptômes que j'ai observés pendant la vie du sujet et les lésions cadavériques que je vous ai signalées à l'ouverture du cadavre.

Il est démontré, d'après le raisonnement qui vient d'être dit : que la *typhose* est due au manque d'activité de la circulation sanguine, ce qui se traduit par l'engoûment des organes indispensables à cette circulation, problème indiscutable prouvé par l'irrégularité et la mollesse du pouls, par le refroidissement de la peau et autres symptômes que je vous ai signalés. A l'apparition de la *typhose* j'ai employé la méthode antiphlogistique qui m'a donné peu de succès ;

j'ai employé en seconde ligne la médication antiseptique tant prônée par des auteurs et praticiens vétérinaires ; ses résultats ont été pour moi peu satisfaisants. J'ai cherché ailleurs des médicaments pour combattre la *typhose*, et ce n'est qu'après avoir compulsé mes notes d'observations que j'ai eu la pensée de faire l'emploi des médicaments de la classe des excitants généraux pour combattre cette maladie ; il est reconnu que les médicaments excitants ont la propriété de donner aux malades une dose de calorique bien plus grande, d'activer les organes et d'accélérer le cours du sang.

Je ne veux point faire l'éloge des médicaments excitants ou stimulants, mais je crois que leur emploi contre la maladie qui nous préoccupe doit tenir le premier rang. Ce qui viendrait corroborer mon opinion, c'est que ces médicaments employés dans diverses sortes de typhus ont donné de bons résultats.

Messieurs, depuis le 5 décembre 1876, époque à laquelle j'eus un entretien avec mon ami et confrère Soumille sur le mode de traitement de la *typhose* et sur le peu de succès que nous avions obtenus, je lui fit part de la médication que j'allais dorénavant administrer à mes malades atteints de la *typhose* ; voici la formule :

Hydrochlorate d'ammoniaque 5 grammes.

Racine d'angélique 25 grammes dans un litre d'eau, ajoutez dans cette décoction l'hydrochlorate d'ammoniaque, administrez le breuvage, vous réitérerez selon le cas.

Frictions sèches sur tout le corps, fumigations de plantes aromatiques, application d'un vésicant sur l'abdomen à la région où le cartilage des côtes sternales vient se réunir en remontant vers les flancs ; deux heures après, seconde administration du même breuvage et à la même dose, continuation des frictions et des fumigations, demilavement mucilagineux. Depuis le 5 décembre 1876 que j'emploie cette médication sur les sujets présentés à ma consultation atteints de la *typhose*, les résultats ont été satisfaisants ; en général la convalescence est toujours longue, l'animal languit avant d'arriver à une guérison parfaite : pendant cette période je fais administrer au convalescent un ou deux litres d'avoine après avoir macéré une heure dans de l'eau bouillante, foin de bonne qualité, tisane de racines de carottes jaunes; je fais additionner à chaque repas trente grammes de chlorure de sodium (sel de cuisine). La quantité des aliments et la dose du sel de cuisine varient suivant l'état du convalescent ; au reste le vétérinaire chargé de donner des soins à l'animal doit pendant la période de la convalescence faire administrer au malade ce que son état réclame.

Messieurs, la plus importante des attributions qui incombe au vétérinaire praticien n'est point de traiter l'animal, mais bien de chercher et d'employer le remède pour le guérir de la maladie dont il peut être atteint. Ce praticien aura ainsi rendu un éminent service à l'agriculture, surtout dans le cas où les maladies revêtent le type contagieux et épizootique.

Mû par ce motif, je n'ai pas hésité à mettre à contribution ma faible plume pour publier le résultat de mes observations pratiques dans le traitement de la *Typhose*.

NOTE SUPPLÉMENTAIRE.

Du 13 Juillet au 5 Décembre 1876.

Sur 17 chevaux ou mulets atteints de la typhose que j'ai traités par la méthode antiphlogistique (saignées, lavements, etc.) 10 sont morts, 4 sont guéris incomplètement, la maladie leur a laissé des symptômes d'immobilité, 3 ont été complètement guéris.

Du 5 Décembre 1876 au 8 Février 1877.

Sur neuf sujets, chevaux ou mulets atteints de la typhose traités par les médicaments compris dans la classe des excitants généraux, je n'ai eu à regretter aucune perte.

LAUGIER PÈRE,
Vétérinaire de l'arrondissement d'Orange.

RAPPORT DE M. MAUCUER

Vétérinaire à Bollène (Vaucluse)

SUR LA TYPHOSE

lu dans la Séance du 6 Février 1877.

A Monsieur le Président de la Société d'Agriculture & d'Horticulture
du département de Vaucluse.

Monsieur le Président,

Encouragé par le bienveillant accueil que vous avez fait à ma lettre sur la clavelée, j'ai l'honneur de soumettre à votre appréciation le résultat de quelques études et d'un grand nombre d'observations sur la maladie des chevaux qui fait dans notre département depuis quelques années des victimes nombreuses et précieuses ; les études ont été faites dans les ouvrages des auteurs classiques et dans le compte-rendu des séances des sociétés savantes ; les observations dans une clientèle visitée chaque année par cette épizootie. Puisse cette communication rendre moins chanceux l'élevage des bestiaux si compromis dans notre département.

Cette maladie n'est pas nouvelle ; elle a été observée en France pour la première fois en 1822, comme nous l'apprend l'illustre professeur de l'école de Toulouse, dans son traité de pathologie. Tantôt grave, tantôt légère, elle n'a plus quitté notre pays ; à diverses époques elle a été signalée sur tous les points de notre territoire et décrite par un grand nombre de vétérinaires. Chaque observateur l'a étudiée sous une forme nouvelle, lui a donné un nom nouveau et a recommandé un nouveau traitement. Aussi en 1853, ce véritable Protée faisait pousser ce cri à un vétérinaire célèbre, M. Bouley, le président actuel de l'Acadé-

5

mie de médecine. « Nous ne savons rien de ses causes,
« rien de ses symptômes, rien de son traitement. » Depuis
cette époque, les recherches, les efforts se sont multipliés ;
on a demandé à la physique, à la chimie, au microscope
leur puissante intervention ; la science, les instruments
perfectionnés n'ont pas encore répondu aux espérances
des chercheurs. On sait pourtant très bien aujourd'hui
tout ce que cette maladie n'est pas, mais on ne sait pas
encore bien tout ce qu'elle est. Cependant on est parvenu
à la classer au rang des *maladies par altération du sang*,
maladies connues sous le nom générique de septicémie, et
dans ce genre elle est depuis 1868 décrite par M. Lafosse,
sous le nom de Typhose, nom qui rappelle à l'esprit le
seul des symptômes accompagnant toutes les formes très
variables de cette maladie, la *stupeur*. M. Salle, vétérinaire
militaire, lui a donné le nom d'*affections typhoïdes,* dans
un mémoire couronné par la Société centrale vétérinaire,
en 1873 ; enfin dans l'agenda du vétérinaire-praticien pour
1877, on lit que M. Trasbot, professeur à Alfort, la désigne
encore sous le nom ds *fièvre typhoïde,* sans doute à cause
des analogies qu'elle présente avec une maladie de ce
nom fréquente sur l'espèce humaine.

Les praticiens, les observateurs ont été plus heureux
que les savants ; il nous ont fait connaître les causes de la
typhose, les conditions indispensables à la réussite de son
traitement, et si tous n'emploientpas le même traitement,
tous commencent à enregistrer un nombre important de
succès : cependant le nombre de victimes que fait encore
la typhose autorise les praticiens à faire des essais in-
spirés par les progrès de la science. Qui sait si votre initiative, Monsieur le président, faisant choquer les communi-
cations des vétérinaires de notre département, n'aidera
pas à faire jaillir la lumière sur cette question ?

La typhose est donc une maladie encore à l'étude ; mais
considérée, par tous les vétérinaires, comme une variété
de la septicémie.

Le cheval qui en est atteint se fait remarquer par sa

faiblesse, son abattement, sa stupeur ; son sang altéré ne communique plus aux organes la force nécessaire à leur fonctionnement ; ce sang s'arrête dans les capillaires, les déchire, se répand dans le tissu cellulaire sous-cutané, dans le tissu des muqueuses, où il forme des taches rouges, dans le tissu d'un organe dont il trouble les fonctions et occasionne dans ces tissus des désordres souvent mortels, la suppuration, la gangrène. Aucune maladie n'est aussi variable dans sa marche, dans sa gravité, dans ses symptômes, que la typhose ; marche, gravité, symptômes, dépendent de la rapidité de l'altération du sang, et de l'organe dans le tissu duquel le sang s'est arrêté, ou s'est versé. Aucun organe n'est respecté ; dans le cours d'une typhose, on peut voir plusieurs organes être séparément attaqués, être brusquement abandonnés ; cavité cranienne, canal rachidien, cavité pectorale, cavité abdominale, tissu sous-corné, tissu sous-cutané, ganglions lymphatiques ; toutes les parties du corps peuvent être atteintes par ce sang altéré, incapable de circuler dans ses vaisseaux.

Cette déclaration vous fait comprendre les difficultés que rencontre le praticien le plus exercé, au début d'une maladie typhoïde, et principalement au début d'une épizootie ; elle vous explique la possibilité d'une erreur, puisque la typhose peut être confondue avec *toutes* les autres maladies ; elle vous explique la grande variété de noms qui lui ont été donnés, et que vous entendrez peut être donner encore à l'épizootie actuelle ; enfin cette déclaration vous explique la nécessité des recherches et des efforts auxquels la typhose a soumis pendant longtemps les savants, les praticiens, désireux de la connaître ; cette maladie offre encore beaucoups d'*inconnues*, qui persisteront tant que la grande question de la septicémie ne sera pas résolue.

La septicémie est une question étrange, énigmatique, à l'étude de laquelle des hommes illustres ont consacré leur vie, parmi lesquels je suis heureux de citer d'abord le vétérinaire Delafond, qui le premier fit dans le sang altéré des découvertes importantes : vinrent ensuite, pour suivre le même but, MM. Davaine, Felz, Coze, Pasteur, Bouley, Colin, Chauveau, Signol, Mittaut et tant d'autres. Les résultats des travaux de tous ces savants sont admirables ; quelques-uns me paraissent devoir être portés à votre connaissance, pour vous faciliter l'intelligence des causes et du traitement de la typhose, cette variété de la septicémie ; ce sont les suivants :

1° Dans les combustions respiratoires, l'agent corrupteur du sang paraît être détruit. Felz, Coze.

2° Une goutte de sang septique mêlée avec plusieurs litres d'eau 2.50, peut communiquer à cette eau des propriétés redoutables ; une goutte de ce mélange, injectée sous la peau d'un lapin, a suffi pour le faire mourir. Davaine, Colin.

3° La gravité de la maladie produite par le sang septique inoculé dépend beaucoup de la quantité du liquide employé. Colin.

Mis au contact de certaines substances médicamenteuses, iode, acide phénique, etc., le sang septique perd ses propriétés nuisibles. (Expérience de M. Devaine, 1873 ; guérison d'un charbon regardé comme incurable, obtenue par mon confrère Stanislas Cézard). (Académie 1873.)

Ces résultats, Monsieur le Président, vous indiquent ce que l'on a à craindre de ces êtres infiniments petits, qui sont les agents corrupteurs du sang, et ce que la nature et la science mettent à notre disposition pour nous en débarrasser ; car il est admis, depuis peu, en médecine, que toutes les maladies septiques, sont produites par un agent spécial, un parasite, un ferment, vu sous le verre du microscope, ou supposé. L'agent de la typhose est encore supposé, son existence est peu contestée cependant ; elle satisfait l'esprit, elle est admise par le célèbre professeur de l'école de Toulouse, qui s'exprime ainsi dans son Traité de pathologie, page 288, tome III, après avoir passé en revue toutes les causes probables de cette affection :

« Serait-on plus autorisé à faire intervenir, celle (l'hy-
« pothèse) d'un *germe organique*, partant d'un point déter-

« miné ou inconnu, voyageant dans l'espace, et s'abattant
« de préférence sur les rassemblements d'animaux, aux
« dépens desquels s'accomplirait une des phases de son
« existence, pour les abandonner ensuite, et vivre et se
« modifier encore dans un autre milieu, jusqu'à ce qu'il
« soit en état suffisant, ou jusqu'à ce qu'il trouve les con-
« ditions propices, procéder à de nouvelles invasions et
« provoquer le retour des épizooties. » Plus loin il ajoute :
« Voilà une explication qui satisfait. »

M. Lafosse a eu l'occasion d'étudier plusieurs épizooties
de typhose, ses écrits font autorité ; d'après lui le parasite
typhogène mènerait une existence semblable à celle de
ces autres parasites bien connus, qui occasionnent le tour-
nis des moutons, la ladrerie du porc, le ver solitaire de
l'homme ; existence curieuse, découverte admirable qui
nous montre le même individu, ver dans les intestins d'un
chien, conservant sa vitalité en plein air, pénétrant avec
les aliments dans les intestins du mouton, allant trouver
sa substance cérébrale, qu'il comprime en se multipliant
sous la forme de petits grains blancs, mouillés par un
progressif volume d'eau. Ainsi vit le ver solitaire de l'homme, qui commence par quelques grains blancs dans les
tissus des porcs ladres et d'autres animaux.

L'existence du parasite de la typhose, ainsi comprise,
ainsi admise, nous donne l'explication de la marche des épizooties dont nous sommes les témoins. Sans cette existence, à quelle influence attribuerait-on la présence de la
typhose, sur un point limité de notre département ? limité
dans un quartier, dans une rue de nos villages, pendant
la même saison ? à quelle influence attribuerait-on la
marche de cette affection, qui abandonne un point déter-
miné, pour porter ses ravages ailleurs, qui laisse sur sa
route, facile à reconnaître, des traces ruineuses de ses
étapes, avant de fixer sa résidence dans une ville, son
séjour préféré ? A quelle influence attribuerait-on la disparition soudaine de l'épizootie, sa réapparition imprévue ?

On l'a signalée seulement à Carpentras en 1874, à Orange,

à Nyons, à Montélimart en 1875 ; elle est maintenant dans toute la vallée du Rhône, et peut-être ailleurs. Il n'y a rien de changé aux conditions d'existence imposées à nos chevaux, il y a pourtant une maladie grave de plus !....

N'en doutez plus, Monsieur le Président, tous nos produits régionaux ont leur parasite, la vigne a le phylloxéra, les vers-à-soie les corpuscules, les porcs les bactérides, les moutons le virus claveleux, le cheval un germe organique ; et ce ne sera qu'en comptant avec ces parasites que notre agriculture pourra se relever.

Plus mystérieux que tous les autres, le parasite de la typhose nous cache encore son origine ; nous ne pouvons pas le faire poursuivre par la loi, comme nous l'avons fait pour la clavelée : mais nous emploierons contre lui d'autres armes puissantes ; nous l'isolerons, nous le forcerons à l'inaction, nous le détruirons dans le sang des individus qu'il aura attaqués.

Pour l'isoler, le forcer à l'inaction, nous mettrons les chevaux dans des conditions hostiles à son éclosion, conditions aujourd'hui, en partie, sinon en totalité connues, quelques-unes expérimentalement démontrées.

Pour que la typhose éclate, il faut donc :

1° La présence dans l'air d'un germe spécial ;

2° Des chevaux aptes à se laisser envahir par lui.

Cette aptitude n'est pas innée chez le cheval, comme l'aptitude à contracter la clavelée est innée chez le mouton ; elle est toujours la conséquence d'une *influence débilitante* imposée à cet animal, influence principalement signalée à notre attention par M. le professeur Lafosse, sous le nom de *causes conjointes,* influence à laquelle vous pourrez toujours soustraire vos chevaux en connaissant ces *causes conjointes.* L'expérience de M. Lafosse, ses observations, celles de vos vétérinaires, nous feront connaître ces causes.

Voici le récit d'une expérience faite par ce professeur :

Dans une même localité ravagée par la typhose, se trouvaient deux groupes de chevaux vivant dans les mêmes conditions ; par ses ordres, le premier groupe passait *brusquement* d'une température maximum de +18°,50 à une température minimum de +12°, le deuxième groupe passait avec ménagement d'une température maximum de +14° à une température minimum de +8° ; la maladie faisait périr les premiers et respectait les seconds. Voici son observation :

Dans une écurie *remplie* de chevaux soumis aux mêmes fatigues et à la même nourriture, nourriture incomplète, indigeste, la maladie faisait des victimes : par ses conseils la nourriture fut changée, la luzerne fut remplacée par le foin et l'avoine, et la maladie cessa.

J'ai eu l'occasion de faire profiter quelques clients de cette observation, et j'ai eu la satisfaction d'obtenir les mêmes résultats, et, preuve convaincante de la force remarquable de ces causes conjointes, quand ces mêmes clients, oublieux de leurs pertes, ont donné à leurs animaux une nourriture moins complète que celle que j'avais fixée, il ont eu à lutter de nouveau contre la maladie.

L'expérience est concluante, l'observation précieuse ; cette expérience et cette observation nous démontrent que la proie du parasite typhogène est préparée par l'action simultanée *1° de l'agglomération et des brusques changements de température ; 2° d'une nourriture incomplète et d'un deuxième auxiliaire.* La nourriture peut être incomplète à cause de ses qualités physiques, qui la rendent indigeste, nourriture trop dure, trop sèche, trop spongieuse ; à cause de ses qualités alibiles incertaines, impuissantes, luzerne, vesces, sainfoin, son. Cette nourriture peut aussi être mal préparée, mal conservée, mal administrée et même mal mâchée, comme j'ai eu l'occasion de le constater une fois : j'ai vu le tube digestif d'un cheval n'être qu'un couloir par lequel un propriétaire faisait arriver dans son fumier l'avoine de son coffre.

Parmi les auxiliaires de la nourriture incomplète, nous trouvons : *1° un exercice trop fatigant, exigeant d'un cheval des déperditions qu'il ne peut remplacer avec sa nourriture ; 2° une aération insuffisante de l'écurie.*

Cette insuffisance peut tenir à ce que cette écurie soit trop étroite, ou renferme, quoique vaste, des émanations diverses, qui se substituent aux principes utiles de l'air, émanations d'autant plus à craindre, que l'écurie renferme, relativement à son étendue, un plus grand nombre de chevaux ou autres animaux, porcs, brebis.

Voilà dénoncés les agents les plus actifs de ce germe organique qui produit la typhose ; ces agents isolés ont été trouvés par une expérience, et par plusieurs observations, impuissants ; réunis même en petit nombre, ils préparent à l'invasion de ce germe une proie facile.

L'action de tous ces agents ainsi réunis par deux au plus sur les chevaux a toujours les mêmes résultats. *Affaiblissement de la force vitale*, affaiblissement dont profite le *germe* de la typhose à l'époque des épizooties, c'est-à-dire quand il est dans l'air qui entoure les animaux, affaiblissement inaperçu quand il est absent, c'est-à-dire en temps ordinaire.

L'influence débilitante de tous ces agents prépare d'autant plus rapidement la proie de la typhose que l'individu sur lequel elle s'exerce est moins robuste ; aussi on a constaté et nous constatons chaque année que la maladie frappe moins souvent les adultes que les jeunes âgés de 18 mois à 4 ans et les vieux qui ont plus de 15 ans, qu'elle atteint plus rarement les mulets si nombreux dans notre région, qu'elle n'a pas été signalée sur les ânes (les mulets sont atteints dans la proportion de 1/20) : on la voit souvent sur les chevaux mal nourris desquels on exige un travail irrégulier.... Elle fait ses plus grands ravages en automne sur les chevaux de l'agriculture, qui sortent des travaux pénibles des semences, qui entrent dans une atmosphère débilitante par l'humidité commune à cette saison et auxquels on commence à mesurer trop parcimonieusement la ration.

Elle fait aussi ses ravages pendant l'hiver sur les chevaux de roulage, obligés de transporter le même poids sur des routes détrempées, fraîchement empierrées.

Elle est excessivement rare pendant les deux autres saisons, plus rare encore au printemps.

Cette question des causes de la typhose est si importante, elle est encore si étudiée qu'il me semble utile, Monsieur le Président, de vous apporter ma petite part d'observations.

Je n'ai vu qu'une seule fois la typhose dans les fermes construites sur les terrains d'alluvion, où le charbon n'est pas rare, dans ces fortes granges de la plaine du Rhône, qui s'étend de Mornas à Pierrelatte ; je la vois très souvent dans les écuries des propriétaires des terrains siliceux, calcaires, que l'on trouve dans certains quartiers du territoire de Bollène, de Lapalud, à St-Restitut.

Plusieurs fois j'ai trouvé la maladie dans une écurie dont les chevaux étaient nourris avec une luzerne achetée chez un propriétaire qui l'avait vendue sur mes conseils, ayant eu à se plaindre de l'épizootie.

Dans les villages dont les malades sont bien connus, la présence de la typhose coïncide souvent, très souvent avec la présence de la fièvre typhoïde sur l'homme.

Dans plusieurs localités, la maladie semble se fixer dans le même quartier, dans la même rue ; tout en n'apparaissant qu'à des époques séparées l'une de l'autre par quelques semaines. C'est, instruit par cette observation souvent renouvelée, que j'ai pu souvent annoncer de futures visites, qui ont eu lieu. Permettez-moi de citer quelques faits.

Dans une localité de votre département, il y a quatre entrepreneurs qui exploitent les terres réfractaires, et deux entrepreneurs de voitures publiques ; tous les six ont chevaux ou mulets plus ou moins âgés ; l'un d'eux n'a que trois chevaux. Le service est fatigant, les écuries sont étroites, la nourriture est différente. Dans deux écuries les animaux sont nourris avec le foin et avec de l'avoine, et la typhose ne les visite pas ; dans les quatre autres, les animaux sont nourris avec la luzerne et avec de l'avoine, et chaque année cette maladie y révèle sa présence.

Dans l'intervalle de trois mois, un riche propriétaire,

6

nourrissant ses chevaux avec de la luzerne, a eu ses trois chevaux atteints des *diverses formes* de la maladie épizootique ; ils sont tombés malades après un exercice fatigant, précédé de nombreux jours de repos. Je dois borner les citations ; celles-là me paraissent prouver : 1° que dans notre département, comme à Toulouse, ce n'est qu'aidée par un concours de causes connues, que la typhose peut apparaître ; 2° que la typhose peut prendre diverses formes, pendant la durée d'une même épizootie, dans la même écurie.

L'expérience de M. Lafosse, ses observations, celles de vos vétérinaires, prouvent qu'en détruisant ce concours, on peut faire disparaître la maladie.

Il est possible que le fourrage qui a nourri des typhiques serve de véhicule au germe de la typhose ; il est certain qu'on peut prévenir le retour de la maladie dans une écurie, en modifiant les conditions imposées aux animaux qui l'habitent ; le vétérinaire vous indiquera les modifications nécessaires, après avoir étudié la *nourriture*, le *travail*, le *logement* de vos chevaux. Votre heureuse influence peut aussi, Monsieur le Président, être un obstacle à l'action du *germe* typhogène, s'il vous plaît de l'utiliser à faire connaître aux agriculteurs sa présence menaçante sur notre territoire, à faire pénétrer dans leur esprit, que notre département envahi par des parasites de toutes les espèces, ne peut élever que des plantes ou des animaux robustes, à éloigner ces races, ces variétés perfectionnées de plantes ou d'animaux obtenus aux dépens de la robusticité. Qui sait si nous n'aurions pas encore nos vignes ; si nous aurions si souvent le rouget, la clavelée, si nous avions continué à planter des ceps tardifs, si nous avions gardé nos races de porcs ou de brebis ?

Toutes les causes de la typhose peuvent donc se résumer ainsi :

Présence dans l'air d'un germe organique intangible ;

Affaiblissement de la force vitale de l'individu qui respire cet air, produit par une action simultanée de conditions débilitantes, faciles à reconnaître, faciles à éviter.

Et maintenant examinons à quels signes on peut reconnaître cette maladie.

La typhose ne se présente pas avec un signe caractéristique certain, mais elle se fait toujours accompagner par un cortège de symptômes, qui s'empressent de la trahir.

Dans ce cortège on trouve toujours le regard éteint, la faiblesse générale, l'abattement, la stupeur, le grincement des dents, le craquement des articulations ; on y remarque très souvent la couleur jaune des muqueuses (jaunisse), une ou plusieurs taches rouges sur les conjonctives, rarement sur les autres muqueuses : quelquefois les muqueuses sont pâles, avec des vergetures rouges ; quelquefois les pulsations du cœur sont très violentes, mais rares ; l'état du pouls varie, il est trompeur ; souvent ralenti, dans certains cas inexplorable, jamais en rapport avec les signes effrayants de congestion, que l'on trouve encore dans ce cortège de la typhose ; enfin des signes de congestion peuvent être fournis par tous les organes, et l'on peut dire sans crainte, que cette affection, avec ses caractères propres, peut prendre la forme de toutes les maladies inflammatoires possibles chez le cheval. Dans le cours d'une épizootie, dans la même écurie, la typhose peut se présenter sous diverses formes ; sur le même individu, elle change parfois de forme ; aussi on peut signaler au nombre de ses symptômes les plus importants : l'invasion subite d'une maladie générale très grave, l'invasion subite d'un organe par une inflammation, la disparition soudaine des symptômes alarmants d'une maladie générale ou d'une inflammation locale.

Le début de cette maladie peut n'être pas aperçu, sa marche peut être très lente, ce début peut aussi être terrible, sa marche foudroyante.

Tous les vétérinaires présents à la séance du 2 janvier vous ont déjà déclaré que sa gravité n'est pas toujours en rapport avec les faibles menaces de ses symptômes ; tous vous ont fait reconnaître l'impuissance d'un traitement tardif, et je crois utile de répéter ici : la guérison d'un cheval dont l'état habituel est changé par la typhose n'est possible, à l'époque des épizooties, que confié sans retard aux soins d'un vétérinaire ; et en cherchant un vétérinaire il ne faudrait pas confondre l'homme qui a acquis ce titre par ses dépenses, ses pénibles et continuelles études, avec celui qui s'est fait délivrer une patente de vétérinaire après avoir quitté un commerce de bestiaux dans lequel il aurait fait faillite, une place de palefrenier ou de domestique dans laquelle il aura appris à placer un séton. Cet homme n'est pas rare, il augmente le nombre des parasites de notre agriculture ; parasite bruyant, audacieux, éhonté, qui éveillera un jour votre attention.

Ce qui rend le traitement tardif impuissant, c'est qu'il lui est fatalement impossible de faire sortir le sang altéré par la maladie de l'organe dans lequel il s'est arrêté, dans lequel il a rapidement occasionné la suppuration, la gangrène.

Le sang du cheval, le tissu de ses organes, même en parfaite santé, se laisse très facilement influencer par les germes visibles ou supposés qui causent la gangrène, la suppuration des plaies. Des tissus enflammés au contact de l'air, c'est une vérité scientifique connue de tous les praticiens, proclamée en pleine Académie, par M. Bouley, en 1875. Cette vérité incontestable nous permet de comprendre une suppuration, une gangrène très rapide dans le tissu d'un organe où se trouve arrêté le sang altéré par le germe de la typhose, en simulant un état congestif de cet organe.

Puisse cette vérité pénétrer dans l'esprit de tous les propriétaires et les rendre plus méfiants des signes si trompeurs du début de la maladie ! Je suis autorisé à insister sur cette vérité par des succès rapides, continuels, auxquels le public agricole de Lapalud, Mornas, St-Restitut, Bollène, a donné le qualificatif de merveilleux, et par quelques cas de mort, toujours occasionnés par des dépôts purulents, des tissus gangrenés.

Ces succès se sont répétés si souvent ; ils se sont montrés

si fréquents dans le courant de ce mois, que c'est sous leur heureuse impression que je vais vous faire connaître les moyens qui m'ont toujours réussi pour tuer le germe organique, cause de la typhose, et délivrer rapidement l'organe du sang altéré qui en détruisait les fonctions par sa présence.

Le traitement de la typhose n'est pas encore arrêté par les auteurs ; aucun n'a été sanctionné par un usage très répandu comme celui d'ailleurs de la fièvre typhoïde de l'homme. Vous l'avez entendu à la dernière séance, Monsieur le Président, vous avez compris que chaque vétérinaire possède son traitement.

Tout traitement peut réussir, employé contre une forme peu grave, ou sur un individu très robuste ; tous les traitements qui réussissent agissent ordinairement de la même manière, toniques purgatifs, excitants généraux, révulsifs externes, tous sont un obstacle aux stases sanguines, tous aident la force vitale affaiblie à débarrasser le sang de son parasite, par la porte qu'ils lui ouvrent dans les intestins ou sur la peau ; mais quand la force vitale est trop affaiblie ce traitement est impuissant. C'est trop souvent témoin de l'impuissance de ce traitement, que je me suis rallié aux idées médicales récentes, de *ferment,* de *germe,* de *parasite,* vrais ou supposés, considérés comme cause de toutes les maladies par altération de sang.

Dans le siècle de MM. Delafond, Davaine, Pasteur, Chauveau, Colin, Bouley, est-il permis de ne pas accepter ces idées, conséquence naturelle de leurs découvertes, de leurs expériences ? est-il permis encore de ne pas accepter la supposition de M. Lafosse, placée au commencement de cette lettre ? J'ai accepté ces idées.

Entraîné par le récit des succès obtenus par M. Déclat, traitant la fièvre typhoïde de l'homme ; par les succès de M. Pasteur, traitant la fièvre pernicieuse ; par la guérison d'un charbon obtenue par Stanislas Cézar, communiquée à l'Académie ; par les expériences de M. Davaine, sur le sang septique, j'ai traité la typhose d'après ces idées, et j'ai réussi. Quelques autopsies m'ayant fait reconnaître des modifications dans les tissus des organes ; la présence dans ces tissus de vastes épanchements sanguins, du pus, de la gangrène, j'ai ajouté au traitement par les anti-ferments, l'auxiliaire réclamé par les symptômes, pour donner du ton aux tissus, pour forcer le sang à circuler dans ses vaisseaux, pour rétablir l'influx nerveux, pour faire disparaître les extravasations sanguines, et j'ai choisi ces auxiliaires parmi les agents les plus actifs, les plus sûrs de la matière médicale, influencé par les travaux de M. le le docteur Burggraeve. Ces auxiliaires, inutiles en médecine humaine contre la fièvre typhoïde, sont indispensables au vétérinaire pour combattre sûrement la typhose du cheval (fabrique spéciale de pus) ; tous les vétérinaires vous diront qu'un corps étranger (comme du sang altéré sorti de ses vaisseaux), peut en 24 heures amener la suppuration dans les tissus qu'il touche.

Si je viens, après des maîtres illustres, après des confrères très instruits, très distingués, vous parler d'une médication qu'ils n'ont pas recommandée ; c'est, poussé par des succès constants, c'est que je ne trouve pas *un seul* mort parmi les typhiques soignés dans le courant de janvier et décembre. Les médicaments qui m'ont servi à obtenir cet heureux résultat, sont :

1° Un anti-ferment, pour tuer le germe organique.

2° Des auxiliaires variables, comme les symptômes de la maladie.

J'ai toujours eu recours au même anti-ferment ; c'est celui qui est ou a été utilisé par M. Déclat, pour combattre la fièvre typhoïde ; par M. Pasteur, pour combattre la fièvre pernicieuse ; par M. Lister, d'Édimbourg, dans ses pansements admirables ; par tous les médecins, dans tous les hôpitaux ; c'est celui qui obtint ma confiance, en m'aidant à préserver de la mort plusieurs chevaux atteints de *péritonite* de castration en 1872, pendant que cette maladie faisait dans notre région des pertes légendaires ; c'est celui que plusieurs propriétaires proclament être le sauveur de leurs porcheries, c'est l'acide phénique. Cependant ce médicament n'est jamais placé au premier rang par les auteurs qui se sont occupés des anti-ferments ; il est le plus connu, le moins coûteux. L'anti-ferment, employé seul, guérit tous les cas de typhose peu grave, à marche lente, de typhose abdominale, caractérisée par la pâleur des muqueuses, pétéchies, coliques, faiblesse. Administré à la dose d'une cuillerée à café dans un litre d'eau froide, soit par la bouche, soit par les voies rétrogrades, il amène une amélioration instantanée, une guérison complète en quelques heures ; la même dose est administrée toutes les heures jusqu'à guérison. La plus belle guérison obtenue par ce moyen seul, a été celle d'un cheval âgé de trente ans, qui était atteint de la typhose abdominale la mieux caractérisée, coliques, faiblesse, jaunisse, pétéchies ; la guérison fut complète en dix heures de traitement. Observation faite à Bollène en décembre 1876.

Cette forme de typhose est très commune dans ma clientèle ; le propriétaire, habitué à ses symptômes, commence souvent lui-même le traitement phéniqué, en attendant ma visite.

Les formes graves, très graves, qui ont dans leur cortège l'arrêt de l'influx nerveux, la paraplégie, les stases sanguines, les menaces d'extravasations sanguines, ne peuvent être guéries par l'anti-ferment seul : il faut s'empresser d'aider ce médicament par

1° Des révulsifs externes énergiques : essence de térébenthine 200 grammes, moutarde 2 kilogr, pour activer la circulation, réveiller l'influx nerveux, ramener la chaleur à la peau.

2° Le sulfate de quinine à la dose de 1 gramme uni à la préparation phéniquée pour donner du *ton* au sang et aux tissus ; répété toutes les heures jusqu'à la disparition des symptômes graves. A la première administration, l'amélioration s'est manifestée ; à la cinquième, les tissus des muqueuses apparentes ont repris leur couleur normale ; je n'ai jamais dépassé 5 grammes, pour faire disparaître la couleur excessivement jaune ou très rouge que l'on voit sur les muqueuses au début de certaines formes excessivement graves de typhose.

3° La strychnine à la dose de 5 centigrammes a toujours fait disparaître *instantanément* la paraplégie de la typhose ; un vieux mulet traité le 24 décembre dernier n'a été délivré complètement de la paraplégie que le quatrième jour par : l'arsenic 2 grammes, noix vomique 2 grammes, administrés deux fois par jour.

4ᵉ Les doses progressives de 1/2 à 3 centigrammes de digitaline calment les violents battements du cœur en quelques heures.

5° 15 à 20 grammes de chloral m'ont toujours suffi pour calmer la fureur vertigineuse.

6° Au commencement de la convalescence, 2 grammes d'arséniate de fer aident le retour des forces et de la couleur rosée des muqueuses.

7° Le sulfate de soude à la dose de 1/2 ou de 1 kilogr. combat la constipation trop opiniâtre.

Je n'ai jamais négligé de mettre le malade dans les conditions les plus favorables à sa guérison ; en plein air, sous une ombre pendant l'été, isolé dans une écurie pendant l'hiver, sur un sol couvert de plâtre et de paille fraîche, arrosé avec un peu d'acide phénique : nourriture soignée, foin, avoine, boissons farineuses, lait, et même soupe, vin, viande hachée.

Le premier typhique de l'épizootie actuelle, que j'ai eu à soigner a été le cheval d'un propriétaire B..., de Lapalud, le 1ᵉʳ août 1876 ; le dernier se trouve être un cheval de Pierrelatte, D..., il est encore en traitement aujourd'hui 30 janvier 1877. A ma première visite faite à 6 heures du matin, le cheval de B... est sous le coup d'une asphyxie imminente, ses flancs sont excessivement agités, les naseaux largement ouverts, ses muqueuses congestionnées, tout son corps est frictionné avec 300 grammes d'essence de térébenthine, et sur ces points frictionnés on applique 2 kilog. de moutarde. Le malade s'agite un moment, se calme, chancelle, tombe, et fait de vains efforts pour se relever ; ses flancs offrent un mouvement normal, mais la couleur des muqueuses a changé, elle est devenue jaune, tachée de plusieurs pétéchies, c'est le cortège le plus effrayant de la typhose qui se présente à nous.

Cinq centigrammes de strychnine, 2 grammes d'acide phénique, cinq gouttes de teinture d'iode, dans un litre d'eau froide font immédiatement disparaître la paralysie.

L'animal se relève en présentant tous les symptômes d'une angine grave, avec engorgement sous la gorge, et reçoit une application d'onguent vésicatoire sur le point malade ; je le quitte en ordonnant le traitement suivant :

Acide phénique 2 grammes ;

Teinture d'iode 5 gouttes ;

Infusion d'eucalyptus 1 litre ;

à administrer toutes les heures.

Revu le même soir, ce cheval manifeste son appétit ; mais les pétéchies n'ont pas complètement disparu ; traitement phéniqué et souppe, guérison le lendemain. Attelé huit jours après, il n'a pas la force de traîner la voiture, trompant son propriétaire par une ardeur non soutenue par son ancienne force.

Le cheval que j'ai visité le 29 janvier à Pierrelatte offrait les symptômes suivants ; regard éteint, grande faiblesse, décubitus fréquent, battements de cœur très violents, pouls ralenti, couleur jaune des muqueuses ; le traitement a été : 1° onguent vésicatoire sous la gorge qui parait douloureuse ; 2° digitaline 9 centigrammes, à prendre par fraction de 3 centigrammes toutes les trois heures ; 3° acide phénique 20 grammes, à administrer un gramme toutes les heures.

Du propriétaire de ce cheval j'ai reçu ce matin la carte postale suivante : « Le cheval va de mieux en mieux, nous continuons à lui faire boire toutes les heures votre médicament, je pense que cela se terminera en bien, s'il plaît à Dieu *(sic)*. »

En résumé, Monsieur le Président, la typhose est une

maladie très commune dans notre département ; elle est toujours la conséquence d'un concours de causes faciles à éviter, ses symptômes sont très variables, sa guérison est sûre, mais elle n'est possible qu'à l'aide d'un traitement hâtif.

Témoin de la satisfaction de mes clients qui ne craint pas de se manifester, je vous prie de croire que cette lettre ne renferme ni erreur, ni illusion, et

Je vous prie d'agréer, Monsieur le Président, l'assurance de mes sentiments très respectueux.

A. MAUCUER, *méd.-vétérinaire.*
Président cantonal de la Société d'Agriculture de Vaucluse.

Bollène, le 30 Janvier 1877.

RAPPORT DE M. Eug. MATHIEU

Vétérinaire à Sorgues (Vaucluse)

SUR LA TYPHOSE

lu dans la Séance du 6 Février 1877.

—◇◇◇—

A Monsieur le Président de la Société d'Agriculture & d'Horticulture du département de Vaucluse.

Monsieur,

La Société d'Agriculture de Vaucluse, que vous présidez, m'ayant fait l'honneur de m'inviter à venir assister à une de ses séances, pour entendre mes honorables collègues relater leurs rapports, leurs observations et leurs renseignements sur des maladies qui dévastent nos pays, par leur malignité et la mortalité qu'elles entraînent sur nos bestiaux, qui sont la principale fortune publique, je me

fais un grand honneur et surtout un devoir de me rendre
à cet appel, pour m'instruire et apporter ma part de renseignements, que j'ai recueillis dans ma clientèle, qui a
été une de celles le plus fâcheusement atteintes par le
vertige.

Cette maladie qui, à l'École vétérinaire de Lyon, nous a
été professée en 1845 par notre illustre directeur feu M.
Rainard, professeur de pathologie interne, sous la déno-
mination de gastro-entéro-hépato-encéphalite, désignation
qui indique les organes principalement malades, ou vertige abdominal ou encore vertige symptômatique, est
apparue dans nos pays depuis un peu avant l'automne
dans des conditions désastreuses.

Les chevaux, les juments, les mulets, les mules, jeunes,
vieux, en plus ou moins bon état, ont été indistinctement
atteints par la maladie, et de chacun il en est guéri et il
en est mort.

Il faut observer que l'âne a été respecté.

Causes. — L'alimentation mal administrée, soit avec
parcimonie, soit l'abondance, les fourrages mal préparés
et surtout ceux entrés en fenil encore humides. Il se forme alors des cryptogames, qui le plus souvent sont toxi-
ques et, ingérés avec les aliments, ont une action funeste
sur l'estomac et les organes qui l'entourent et par sympathie réagissent sur l'encéphale ; les nourritures trop suc-
culentes, échauffantes, les grains en trop grande abondance ou mal récoltés, les fatigues trop longues et répé-
tées, les boissons malpropres, contenant des dégagements
de la vase, ou des végétaux en fermentation.

Il en existe une de cause, que j'avoue avec regret ne pas
pouvoir définir : c'est celle qui est essentiellement occa-
sionnelle et qui indubitablement doit être climatérique ;
le motif de ce que j'avance est que j'ai remarqué que des
animaux placés à peu de kilomètres les uns des autres,
soumis, à peu de chose près, aux mêmes influences de
nourritures, les uns ont été bien atteints et les autres tout
à-faits exempts du mal ; c'est pour cette raison que je suis

tenté d'admettre la présence du typhus et conséquemment le manque d'équilibre des parties intégrantes du sang. Cette cause ne doit pas manquer d'attirer l'attention scientifique.

Symptômes. — La maladie qui nous occupe est généralement annoncée et même caractérisée par des douleurs abdominales, coïncidant avec le coma, ce qui est produit par une légère indigestion, ou relâchement dans la digestion. Il y a alors embarras gastrique, séjour trop long des aliments dans l'estomac et les intestins, qui amène une inflammation plus ou moins aigüe des organes qui sont en contact immédiat avec eux, le cerveau devient alors malade : hébêtement, raideur et craquements dans les quatre membres, soubresauts dans les membres antérieurs, injection de la conjonctive, tête basse, yeux hagards, cécité, surdité, l'animal est insensible à ce qui se passe autour de lui, les sens sont tellement pervertis, que quelques sujets ont cherché à mordre et un surtout qui a démoli une partie de mur à coups de pied ; il y a jaunisse, ce qui prouve que le foie est largement intéressé ; les matières fécales dégagent une odeur forte, sont rares, fortement coiffées d'une membrane inflammatoire, couenneuse ; souvent celle-ci s'y trouve par flocons considérables et annoncent alors un pronostic souvent fâcheux ; la vessie est toujours paresseuse dans ses fonctions ; aussi l'excrétion des urines n'a lieu que par l'incontinence et elle sort à la suite de grands efforts, en grande quantité, chargée en couleur comme de la lessive et puante.

Un signe digne de remarque est que quand les animaux commencent à uriner quelquefois, en peu d'heures, sans exception, c'est le prodrome de la convalescence.

Je me permets de vous dire, Monsieur le Président, que, pour le vétérinaire, le point capital de la maladie qui nous occupe est, sans contredit, le traitement qui comprend les révulsifs, les exutoires et les purgatifs.

On ne peut trop employer les sinapismes, qui sont toujours d'un grand secours par leur action fortement active et révulsive. Je les ai appliqués jusqu'à cinq ou six fois aux mêmes parties, mais alors la moutarde a le désavantage de laisser des traces indélébiles sur les parties qu'elle actionne ; dans tous les cas les animaux portant ces traces sont susceptibles de rendre encore des services à leur maître. Nous employons comme exutoire le séton, qui n'est pas toujours sans offrir quelques dangers ; on doit avoir le soin de ne pas le mettre pendant la période d'augment, pour ne pas provoquer le développement d'une tumeur trop considérable qui a toujours de la tendance à tourner à l'état gangréneux ; autant qu'il a été en mon pouvoir, je n'ai mis les sétons que pendant la période d'état ou de déclin.

Un phénomène digne de remarque, chez plusieurs chevaux des plus malades qui sont guéris et auxquels j'ai mis des sétons : j'ai remarqué un écoulement constant de sérosité jaune, goutte à goutte par les mèches, qui a toujours duré jusqu'au moment où le mieux s'est montré, et alors seulement le pus se faisait dans de bonnes conditions et l'engorgement produit prenait parfois un peu trop de développement, mais sans être dangereux.

Nous avons donné en lavements de l'aloës dissous dans l'eau chaude, en breuvages des émollients bien chauds et contenant quelque peu de sulfate de soude, administrés en petite quantité et souvent.

Comme remède à l'intérieur, tous les purgatifs minoratifs sont bons : l'aloës, l'huile de ricin, les sulfates de magnésie et de soude ; il s'agit seulement de les administrer avec discernement.

J'en ai tellement vu en un court espace de temps de ces malades, que j'ai cru me rendre compte de la distribution du sulfate de soude, auquel j'ai donné la préférence.

Beaucoup de vétérinaires prétendent qu'on peut impunément administrer de grandes quantités de ce purgatif. J'avoue que je me suis laissé aller au courant ; mais dans la circonstance actuelle j'ai compris que plus les sujets étaient malades, plus il fallait diminuer la dose des remèdes administrés, parce que je prétends que dans le cas de la maladie dont il s'agit, il y a toujours une gastro-entérite suraiguë et qu'alors une dose de remède seulement ordinaire de 500 grammes de sulfate de soude ne peut, par son contact immédiat avec les membranes internes de ces organes, que produire des résultats incendiaires : paroxysmes de douleur dans les organes abdominaux ; je dois le dire, aucun de ceux traités de la sorte n'a guéri, tandis qu'en administrant 150 ou 200 grammes de cette substance, à plusieurs reprises j'ai pu compter un bon nombre de succès ; j'ai remarqué aussi que quand la purgation avait le temps de s'opérer, c'est-à-dire d'arriver à la diarrhée, ce qui se produit en moins de 24 heures, aucun animal ne mourait.

J'ai constaté encore que des malades qui ont été saignés pas un seul n'a guéri ; la saignée doit donc être contre-indiquée ; ce que j'ai fait depuis longtemps.

J'oserai presque affirmer que si le vertige a la vieille réputation de décimer presque tous les animaux qu'il frappe ou de les laisser impropres au travail, il la doit à la saignée qui ne peut être que meurtrière dans l'indigestion.

Il existe un préjugé chez le monde agricole, qui consiste à dire que les animaux guéris du vertige, restent affectés de l'immobilité ; pour mon compte, j'assure qu'il n'en est rien dans la période épizootique que nous venons de traverser, et j'en ai vu bien rarement dans les années précédentes.

J'ai, comme moyens prophylactiques. indiqué en temps et lieu l'emploi de la betterave, de la carotte, du son mouillé et de la paille dans l'alimentation.

Voilà, Monsieur le Président, le petit travail que j'ai l'honneur de soumettre à la juste appréciation de l'honorable Société que vous présidez.

Agréez, Monsieur le Président, les civilités et les respects de votre dévoué serviteur.

EUG. MATHIEU,
Médecin-Vétérinaire.

Sorgues, 6 Février 1877.

RAPPORT DE M. LUNEAU

Vétérinaire à Avignon

SUR LA TYPHOSE

présenté dans la Séance du 6 Février 1877.

S'il est une maladie qui ait donné lieu à de nombreuses recherches de la part des vétérinaires qui nous avoisinent, c'est assurément celle que l'on désigne sous le nom de Typhose. Bien qu'elle ait sévi avec beaucoup d'intensité dans ces dernières années, elle n'est pourtant pas nouvelle, car je l'ai observée quelquefois, le plus souvent d'une manière isolée, il est vrai, depuis plus de trente ans. Cependant depuis deux ans surtout elle fait beaucoup de ravages, et sa présence sur un grand nombre d'animaux à la fois, a fait supposer qu'elle avait un caractère épizootique et contagieux.

La mortalité occasionnée par cette maladie a ému nos populations ; quelques vétérinaires s'en sont occupés et plusieurs d'entr'eux ont indiqué les moyens qu'ils ont cru bons pour la rendre moins meurtrière. Je viens apporter ici mon humble pierre afin qu'elle puisse servir à la consolidation de l'édifice commun.

Avant d'entrer dans la description de la maladie, je tiens essentiellement à soulever la question suivante. D'abord qu'est-ce que la typhose ou plutôt ce mal auquel on est convenu de donner ce nom dans nos localités ? Est-ce une affection locale ou générale, une maladie qui a son siège sur un ou plusieurs organes, ou bien dont le principe est invariablement une altération du sang, comme cela a lieu dans les affections typhoïdes ? Je laisse à d'autres vétérinaires le soin de se prononcer en dernier ressort. Pour

moi je me contenterai d'émettre simplement mon opinion
qui ne sera peut-être pas celle de tout le monde, mais qui
recevra, j'en suis sûr, l'approbation de beaucoup de praticiens laborieux et profondément observateurs.

Une expérience déjà bien longue m'a démontré que la
prétendue typhose n'est rien autre qu'une *gastro-entérite*
compliquée le plus souvent de vertige. L'étude parfaite de
cette maladie et la réussite du traitement employé m'ont
amené à soutenir cette opinion. Les explications que je
donnerai tout-à-l'heure feront comprendre à mes confrères que je suis dans le vrai en affirmant aujourd'hui ce qui
est si contraire aux idées du jour.

La *gastro-entérite*, je n'ai pas besoin de le dire, est une
inflammation de la muqueuse de l'estomac et des intestins.
Dans la maladie qui nous occupe, voici comment les choses se passent. Par une cause quelconque, les matières
fécales séjournent plus qu'il ne faut sur la muqueuse
intestinale, elles l'irritent, et cette irritation (la cause per-
sistant augmente toujours, elle gagne de proche en proche
l'estomac et par le canal cholidaque arrive jusqu'au foie.
Lorsqu'elle est devenue ainsi presque générale ; les fonctions de ces organes, le foie, l'estomac et l'intestin, sont
interverties ; la bile ne donne plus dans la formation du
chyle tous ses éléments, et le sang devient jaune. C'est ce
qui fait que tous les tissus de l'économie prennent cette
couleur. Le mal s'aggravant, le cerveau se prend sympa-
thiquement, devient malade, et l'on voit alors apparaître
tous les désordres ataxiques qui rendent trop souvent
l'affection mortelle.

Causes. — Pendant longtemps j'ai cru que la cause pré-
dominante et essentielle de ce mal consistait en des refroidissements successifs qui troublaient la digestion et
amenaient peu à peu ces arrêts des matières excrémentiel-
les dans les intestins. Cette croyance était due à ce que
j'avais remarqué que le début de cette maladie coïncidait
toujours avec les premiers froids et que par conséquent
c'était en automne ou au commencement de l'hiver qu'on

l'observait généralement. Depuis quelques années je me suis assuré que les refroidissements, quoique pouvant pour la majorité des cas être la cause du développement de cette maladie, n'étaient pas seuls à pouvoir la déterminer et qu'il en existait également d'autres en assez grand nombre ; ainsi les eaux trop froides et impures, les exercices violents, un travail trop longtemps prolongé, une mauvaise nourriture, l'usage de fourrages moisis, ou bien provenant de prairies artificielles d'une manière exclusive, le manque de soins, une habitation basse, humide et malsaine, sont autant de causes qui peuvent l'amener.

Symptômes. — La gastro-entérite actuelle se présente sous deux formes bien différentes ; dans la première l'animal est triste, accablé, nonchalant, il semble dormir, la locomotion s'exerce difficilement, il arrive quelquefois que l'on est obligé de le pousser pour le faire marcher, souvent même il semble ivre, la colonne dorsale est raide, le dégoût n'est pas toujours complet mais il l'est souvent, l'envie de boire est nulle, il bâille fréquemment et a quelquefois des frissons, parfois il hennit lors même qu'il n'en a pas l'habitude, le pouls est plutôt lent que rapide, bien rarement il y a fièvre, la respiration est à peu près naturelle, enfin la peau est généralement froide ; j'insiste sur ce symptôme parce qu'il arrive souvent que les propriétaires s'y trompent ; en trouvant la température du corps abaissée ils s'imaginent qu'ils ont affaire à un simple refroidissement, et ils perdent leur temps alors à échauffer leurs bêtes et à leur donner bien souvent des breuvages qui leur font plus de mal que de bien. Il est un dernier symptôme que j'ai déjà indiqué et qui est très important à noter, car il assure le vétérinaire de l'existence de la gastro-entérite ; je veux parler de la jaunisse : toutes les muqueuses présentent une couleur jaune plus ou moins foncée : ainsi les yeux, le nez, la bouche et la langue sont remarquables sous ce rapport, et ne trompent jamais l'œil exercé d'un bon praticien.

Dans la deuxième forme, l'animal se montre avec tous

les symptômes du vertige, il est inutile de les indiquer,
ils sont assez connus pour que je m'en dispense.

Marche. Durée. Terminaison. — La marche de cette maladie est rapide, sa durée est courte, l'animal meurt généralement du troisième au quatrième jour, quelquefois plus tôt. Lorsqu'on arrive auprès du malade avant
qu'il ait le vertige, on le guérit presque toujours et alors
la maladie a une durée de 10, 12 ou 15 jours au plus.

La guérison est beaucoup plus difficile à obtenir quand
le malade présente des symptômes nerveux ; cependant
on arrive encore à ce résultat lorsqu'il est possible d'administrer un bon purgatif. Si le remède a le temps d'agir,
l'animal guérit ; si au contraire aucun effet ne se produit,
il est perdu.

Caractères anatomiques. — Le temps m'a manqué pour
faire un grand nombre d'autopsies. A l'ouverture des cadavres du peu que j'ai vu, j'ai trouvé des traces de phleg-
masie sur différentes parties de l'intestin et quelquefois,
mais rarement, sur l'estomac ; mais une chose que je prie
mes confrères de remarquer, c'est que, quatre fois sur
cinq, j'ai observé des pelotes stercorales volumineuses et
dures tassées dans le gros intestin et presque toujours des
crottins secs et coiffés, c'est-à-dire enveloppés d'une couche de matière graisseuse plus ou moins épaisse dans
l'intestin grêle. Enfin tout ce qui constitue l'économie
animale (solides ou liquides) a présenté cette teinte jaune
si caractéristique dont j'ai parlé plus haut.

Traitement. — Par ce qui précède, on doit saisir de suite
quel est le traitement qui convient le mieux dans cette
affection. En effet, si la cause première essentielle de son
développement est la présence trop longtemps prolongée
de matières fécales dans une portion quelconque de l'intestin, l'indication naturelle qui se présente est de chercher à expulser le plus tôt possible ces matières. On fait
disparaître ainsi la cause permanente du mal. Ici la pratique est parfaitement d'accord avec la théorie, car elle
vous apprend qu'on arrive facilement à ce résultat, c'est-
à-dire qu'on guérit vite en donnant des évacuants.

Voici le traitement que j'emploie depuis assez longtemps et qui m'a bien souvent réussi. Dès le premier moment, c'est-à-dire tout de suite après m'être assuré de l'existence de la maladie, j'administre un purgatif composé de sulfate de soude 200 à 250 grammes, et aloès 20, 30 à 40 grammes suivant la force des animaux ; je fais fondre ce purgatif dans un litre ou un litre 1/2 d'une infusion chaude de camomille. Comme la purgation est un peu longue à se prononcer, je fais boire peu à peu, pour l'aider, des liquides quelconques (ordinairement de l'eau tiède) dans lesquels je mets de la crème de tartre soluble, environ 100 grammes dans les 24 heures, et pour que les animaux prennent ces liquides plus facilement je leur ajoute de la farine d'orge et du son en petite quantité. Enfin je donne des lavements émollients (un toutes les trois heures) dans lesquels je fais fondre du sulfate de soude. Il est rare, les choses étant ainsi faites, que l'action tant désirée n'ait pas lieu après 18 ou 24 heures d'attente.

Le vertige, je l'ai dit plus haut, est la terminaison la plus fréquente de la gastro-entérite. Il entraîne toujours la mort si la purgation ne peut pas se produire. Pour l'éviter et pour donner aux remèdes ingérés le temps de faire leur effet on doit tout employer. A cet effet, on applique de larges sinapismes sur les parties les plus charnues du corps, les cuisses, les fesses, les épaules, etc., et si on continue à avoir des craintes, on réapplique la moutarde, en ayant soin de la changer de place.

A ce traitement on ajoute des soins hygiéniques : ainsi comme l'animal malade a toujours froid, on le tient chaud au moyen de bonnes couvertures, et si le refroidissement est intense, comme ce sont les extrémités qui sont le plus froides, vu qu'elles sont découvertes, on les frotte fortement avec de l'eau chaude sinapisée et si l'on peut on les entoure de flanelles.

Dès que la purgation se produit, les symptômes diminuent rapidement d'intensité et avec peu de soins les animaux reviennent vite à la santé. Si au contraire cet effet ne peut avoir lieu, la mort arrive rapidement, toujours accompagnée ou plutôt précédée de désordres nerveux plus ou moins violents.

Réflexions. — Au commencement de ce travail, je me suis demandé quelle était la nature de cette maladie et j'ai ajouté que son étude et la réussite du traitement indiqué confirmeraient l'opinion que j'émettais. Je n'ai plus qu'un mot à dire afin d'y rallier mes confrères. Dans le cas que nous traitons, la maladie, qu'elle soit ou ne soit pas mortelle, est toujours de courte durée, la convalescence des malades est à peu près nulle et la rechute n'est pas à craindre, je n'en ai point encore vu. Dans les affections typhoïdes, les choses ne se passent pas ainsi : sans m'arrêter à des symptômes généraux que l'on n'observe jamais dans le cas présent, je dirai que dans les maladies de ce dernier genre, c'est-à-dire celles dans lesquelles il y a altération du sang, la durée en est longue, la marche incertaine, la convalescence très lente et les rechutes nombreuses et presque toujours mortelles.

Bien que la question ne soit pas épuisée, je m'arrête ; je crains de fatiguer mes auditeurs. Cependant avant de terminer je dirai encore un mot sur la propriété contagieuse de cette maladie.

On doit comprendre facilement, d'après l'opinion que je viens de soutenir, qu'elle n'est pas contagieuse. S'il fallait prouver cette assertion, cela ne serait pas difficile, les preuves à l'appui ne me manqueraient pas ; inutile d'insister.

H. LUNEAU.

RAPPORT DE M. JUSTAMOND

Vétérinaire à Bagnols (Gard)

SUR LA CLAVELÉE

présenté dans la Séance du 6 Mars 1877.

———◇◇◇———

Le remarquable rapport de M. Maucuer est un traité complet sur la matière.

Il est impossible d'exposer plus brièvement et avec plus de lucidité la nature, les divers caractères et le traitement de l'affection redoutable dont nous nous occupons.

S'il n'y a rien à ajouter, sous le rapport encyclopédique, qu'il nous soit permis, du moins, en nous retranchant modestement sur le terrain de la pratique, d'apporter notre pierre à l'édifice et d'exposer les vues que nous ont inspirées nos observations personnelles et une expérience mûre. Heureux si nous pouvons, en signalant les causes et les effets de la clavelée, faire accepter le principe des mesures tutélaires qui nous paraissent indiquées par la plus vulgaire prudence.

Sous l'influence de certaines causes, demeurées encore inconnues, la clavelée éclate parfois spontanément.

Plus généralement, cette affection se propage par la contagion. On le comprendra d'autant mieux, qu'elle se transmet avec une facilité presque égale par virus fixe et par virus volatil.

Le virus fixe se communique par le contact des animaux parqués sur les foires et marchés, entassés dans les bâtiments de transport ou dans les wagons, frôlant au passage les vêtements infectés des bergers, ou le poil contaminé des chiens de garde.

Les agents atmosphériques ne favorisent que trop l'inoculation du virus volatil : l'air transporte jusqu'à une

distance de plus de 300 mètres les émanations morbides
des animaux atteints et l'affection se trouve ainsi propagée.

Étant données ces facilités inouïes de transmission, il
semblerait logique de recourir à des mesures préventives
dont la première, la plus logique, la mieux indiquée, con-
sisterait à rechercher tout foyer d'infection, dans le but
de le circonscrire rigoureusement.

Au lieu de cela, que fait-on ? Rien !

Chaque année, l'Algérie inonde le midi de la France de
ses envois de la race ovine ; personne n'ignore que notre
colonie est normalement infectée de la clavelée et que
cette affection y exerce moins de ravages qu'en France.

Eh bien, ces troupeaux malades débarquent à Marseille
ou dans tout autre port du littoral, sans être soumis à la
plus petite visite ; sans désemparer, ils envahissent les
routes et rayonnent dans nos malheureux départements
où ils ne manquent pas d'empoisonner leurs congénères.

Qui n'a remarqué que l'invasion de la clavelée dans nos
contrées coïncide avec les mois d'août et de septembre,
époques où l'importation algérienne a le plus d'activité ?

Une observation qui nous est personnelle, du moins
nous le croyons, c'est que la clavelée sévit chez nous avec
plus d'intensité que dans les ports d'arrivage et sur le
littoral. Nous expliquons cette apparente anomalie par ce
fait bien simple qu'à Marseille, Aix, Avignon, Cavaillon,
etc., les sujets sont achetés directement par les bouchers
et pour l'abattage ; la contagion n'a pas le temps de se
produire. Au contraire, ces moutons amenés sur nos marchés, séjournant dans des parcs ou dans des granges, en
contact avec des individus sains, ne tardent pas à propager le principe morbide dont ils sont atteints et à l'im-
planter dans des régions où la maladie était jusqu'alors
inconnue.

C'est là qu'il faut chercher l'explication de l'énorme
développement de la clavelée, en 1876, dans l'arrondissement d'Uzès, notamment les cantons de Lussan, Ro-
quemaure, Bagnols, etc.

N'oublions pas de noter en passant que certains propriétaires dépourvus de scrupules s'empressent d'amener au marché, pour les vendre, leurs troupeaux, dès qu'il s'aperçoivent que la clavelée les a atteints.

Toutes ces causes réunies ont accru l'année dernière, dans des proportions formidables, le coefficient de mortalité. Nous pourrions nommer des propriétaires qui ont perdu jusqu'au 40 % de leur effectif, tandis que jusqu'alors il n'avait guère payé à la maladie qu'un tribut de 5 %.

Ne nous étonnons donc pas du cri d'alarme qu'on a poussé autour de nous, avisons plutôt à sonder la profondeur du mal et à indiquer les mesures de précaution à prendre.

A nos yeux, il n'y a pas l'ombre d'un doute que nous sommes redevables aux moutons d'Afrique de l'invasion de la clavelée ; une preuve ressort de ce fait que dans nos contrées les troupeaux tout d'abord envahis sont ceux des fermes ou métairies longeant la route d'Avignon, itinéraire naturel des moutons d'Afrique.

Dès lors, pourquoi ne soumettrait-on pas à une visite minutieuse, à leur arrivée en France, les troupeaux qui nous arrivent de l'étranger ?

Il n'y a pas à se récrier, la mesure n'a rien de vexatoire, on y soumet nos semblables dans les lazarets et nous ne voyons pas pourquoi des animaux de race inférieure jouiraient du privilège exorbitant d'échapper à une quarantaine à laquelle l'homme lui-même est soumis dans un but de police sanitaire.

Il est à remarquer que les importateurs, informés des précautions prises en France, s'attacheraient à ne nous envoyer que des individus exempts de la clavelée.

Les troupeaux ainsi visités à leur arrivée et reconnus indemnes recevraient une sorte de passeport que le propriétaire des bêtes serait tenu de produire à toute réquisition d'un acquéreur.

Nous voudrions même que ces mesures préventives fussent rendues applicables aux troupeaux transhumants que nous voyons périodiquement traverser notre contrée.

On nous objecte que ces dispositions ont un caractère rigoureux et pourraient entraver les transactions commerciales.

Nous répondrons à cela qu'une précaution ne saurait contrarier personne et que son avantage réside précisément en ce qu'elle empêche un désastre de se produire, d'être qui, d'un coup, arrête le commerce de la viande sur pied.

Qu'on se rappelle l'effet de l'invasion de la clavelée en 1876 ; qu'on se rappelle nos marchés déserts et absolument délaissés par les propriétaires de troupeaux.

Le commerce a véritablement souffert, mais c'est de la maladie elle-même et non point par l'effet des mesures préventives qui auraient peut-être arrêté l'invasion de cette maladie.

Cela se passe de démonstration.

Concluons et disons que nous devons être pratiques, en France, au même degré que le sont nos voisins, placés en face d'une affection contagieuse. L'Angleterre, la Prusse, la Hongrie, la Russie, n'y mettent pas tant de tempéraments ; une affection est signalée, vite on la consigne à la frontière et on ne s'en trouve pas plus mal. C'est d'ailleurs ce que vient de faire tout récemment M. le Ministre de l'Agriculture et du Commerce en face du péril créé par la peste bovine qui a éclaté en Allemagne et en Angleterre (*).

Au reste, ce n'est pas le pouvoir qui manque chez nous à l'administration pour s'opposer à l'introduction d'une maladie, elle a à son service tout un arsenal de disposition tutélaires dans les arrêts du 10 avril 1714, du 24 mars 1745, du 30 juin 1775, du 15 février 1815, etc., etc.

Nous abordons maintenant la question du traitement de la clavelée et nous n'en parlerons que succinctement après notre honorable confrère.

Le traitement est préservatif ou curatif.

Parmi les moyens de préservation propres à enrayer la

marche de la contagion, nous citerons d'abord les règlements et prescriptions de la police sanitaire, trop souvent méconnus par les autorités dans nos campagnes.

Il faudrait à notre avis insister sur les mesures suivantes :

1° Faire connaître, par voie d'affiche, les dispositions des articles 459, 460, 461 du Code Pénal, ignorées de la plupart des agriculteurs.

2° Éloigner des troupeaux sains tout ce qui a été en contact avec les sujets contaminés ; jusqu'aux bergers et aux chiens de garde.

3° Commettre des vétérinaires pour l'inspection des troupeaux sur les foires et les marchés.

En dehors de ces précautions d'un ordre purement administratif, il y a la méthode préventive et pratique de la *clavélisation*, c'est-à-dire de l'inoculation du virus aux animaux non encore atteints.

C'est l'analogue de la vaccination chez l'homme.

Par ce procédé on donne naissance à une maladie régulière, aux allures bénignes et l'on épargne au troupeau les accidents et les complications qu'entraîne la clavelée se développant naturellement.

Nous relaterons ici que, jusqu'à l'an dernier, nous avions obtenu de la clavélisation des résultats uniformément satisfaisants. Tout à coup, les conditions changèrent et devinrent plus défavorables ; c'est que nous avions dû employer le virus que nous avions à notre disposition, dans l'impossibilité où nous nous trouvions de nous en procurer d'autre.

Un troupeau inoculé dans ces conditions nous donna jusqu'à 20 % de perte ; ce fut, il est vrai, un maximum qui ne fut pas dépassé, car, pour trois autres troupeaux inoculés le même jour, le coefficient de la perte descendit à 8 %.

Quoi qu'il en soit, nous n'hésitons pas à préconiser la pratique de l'inoculation, pourvu que l'on puisse se procurer du virus de bon acabit. Pourvu aussi que l'on ait soin de ne point pratiquer la clavélisation sur les sujets en proie à la fièvre de l'incubation de la maladie.

Après ce qu'en a dit notre savant confrère, nous nous dispenserons de décrire les différentes méthodes employées jusqu'à ce jour pour la clavélisation ; nous n'insisterons pas davantage sur le choix du sujet, sur le lieu d'insertion du virus, sur les soins à donner aux sujets inoculés, etc., etc.

Traitement curatif. — Dès que la clavelée est déclarée dans un troupeau, il faut laisser la maladie faire son cours, tout en appliquant les prescriptions hygiéniques suivantes :

1° Tenir le troupeau dans des bergeries saines, convenablement aérées et maintenues à une température douce.

2° Eviter soigneusement de faire sortir les animaux le matin à la rosée et de les exposer à la pluie.

3° Donner une alimentation de bonne qualité et saler légèrement les boissons.

Si des complications surgissent, agir selon les indications et administrer des infusions de sureau, de gentiane, de café, de quinquina, etc.

Il convient d'éviter l'usage des vésicatoires et des purgatifs.

C'est en observant l'ensemble de ces moyens, que l'on pourra espérer de diminuer la gravité du mal et d'atténuer les pertes si sensibles subies par les éleveurs.

JUSTAMOND FILS,

Vétérinaire à Bagnols.

On peut dire que la Société départementale d'Agriculture de Vaucluse a fait une œuvre éminemment utile en réunissant dans une de ses séances MM. les Vétérinaires du département et en faisant appel à leur expérience reconnue, comme à leur incontestable capacité, pour discuter et élucider l'importante question des diverses maladies épizootiques actuellement régnantes.

En effet, les opinions et les faits énoncés dans les rapports ci-dessus par des praticiens aussi distingués que MM. Luneau et Soumille, d'Avignon, Laugier père, d'Orange, Maucuer, de Bollène, Mathieu, de Sorgues, et Justamond, de Bagnols, sont de nature, par leur netteté et leur précision, à jeter une vive lumière sur les causes, les pronostics, et la gravité des maladies, telles que la Clavelée, la Typhose et le Rouget, ainsi que sur les moyens préventifs ou curatifs à employer contre elles.

La Société de Vaucluse remercie profondément MM. les Vétérinaires de l'empressement qu'ils ont mis à apporter chacun leur contingent dans l'élucidation de questions grandement intéressantes par leur actualité. La publication en un recueil de rapports qui décèlent de la part de leurs auteurs une connaissance si approfondie des maladies épizootiques que nous venons de citer, aura pour conséquence de vulgariser parmi les agriculteurs les moyens propres à combattre ces redoutables fléaux qui ont eu en 1876 dans nos contrées un redoublement d'intensité, et de leur faire connaître des faits et des observations ignorés de la plupart d'entr'eux. Espérons aussi que cette publication, portée à la connaissance du Gouvernement, aura pour effet, en lui fournissant les éléments nécessaires d'appréciation, de le décider à mettre à exécution les mesures réclamées par la Société de Vaucluse, dans sa séance du 2 janvier dernier :

1° Application rigoureuse dans toutes les communes de France des lois et règlements sur les épizooties ;

2° Extension et application à l'Algérie de ces mêmes lois et règlements ;

3° Désinfection des navires et des wagons servant au transport des troupeaux.

Si les travaux de nos Vétérinaires joints aux démarches actives de notre Société atteignent ce double but, un véritable service aura été rendu à la malheureuse agriculture vauclusienne en faveur de laquelle nous faisons un pressant appel au dévouement de tous, comme à la sollicitude du Gouvernement.

A. B.

FIN.

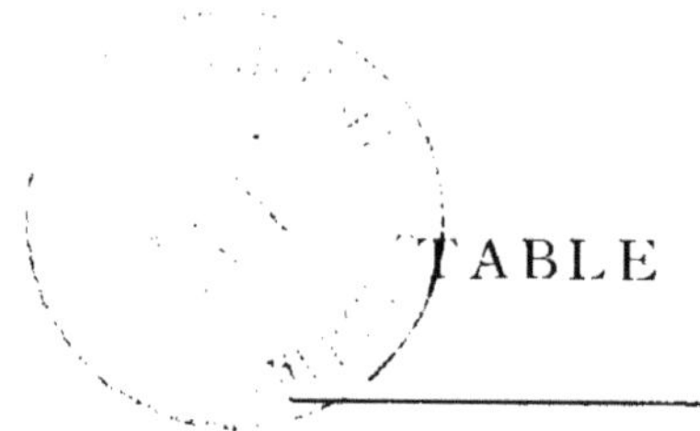

TABLE

FIN DE LA TABLE.

Avignon. — Imprimerie CHAILLOT, Place du Change, 5.